U0919479

# 潜能量

杨安◎著

中国财富出版社

**图书在版编目（CIP）数据**

潜能量／杨安著．—北京：中国财富出版社，2015.2

ISBN 978－7－5047－5511－7

Ⅰ.①潜…　Ⅱ.①杨…　Ⅲ.①成功心理—通俗读物

Ⅳ.①B848.4－49

中国版本图书馆 CIP 数据核字（2014）第 292123 号

**策划编辑** 黄　华　　**责任印制** 方朋远

**责任编辑** 邢有涛　单元花　　**责任校对** 梁　凡

**出版发行** 中国财富出版社

**社　　址** 北京市丰台区南四环西路 188 号 5 区 20 楼　　**邮政编码** 100070

**电　　话** 010－52227568（发行部）　010－52227588 转 307（总编室）

010－68589540（读者服务部）　010－52227588 转 305（质检部）

**网　　址** http://www.cfpress.com.cn

**经　　销** 新华书店

**印　　刷** 北京京都六环印刷厂

**书　　号** ISBN 978－7－5047－5511－7/B·0421

**开　　本** 710mm×1000mm　1/16　　**版　　次** 2015 年 2 月第 1 版

**印　　张** 16　　**印　　次** 2015 年 2 月第 1 次印刷

**字　　数** 246 千字　　**定　　价** 35.00 元

# 前　言

不少人都曾有过这样的疑惑：每个人在出生时大脑容量都是相似的，为什么有的人最终能够实现自己的理想，而有的人却只能碌碌无为，平淡地走完一生？很多平庸者小时候很聪明，而很多有成就者也不是天生就聪慧，为什么长大后却差距悬殊呢？难道真的是命中注定吗？

其实，命运掌握在每个人自己手里，生活中之所以会有种种差距，根源在于“潜能量”的开发与否。不管天赋、家庭、教育、经历有着怎样的差异，潜在能量都是我们每一个人改变命运的关键力量，无时无刻不在我们的生命中发挥着难以估量的作用。

真正的潜能是四度空间、时空合一的神秘力量，它聚集了人类数百万年来的遗传基因层次的资讯，囊括了人类生存最重要的本能与自主神经系统的功能以及宇宙法则，即人类过去所得到的所有最好的生存情报都蕴藏在潜能里。因此只要懂得开发这股与生俱来的能力，几乎没有实现不了的愿望。然而，国外潜能研究专家和心理学专家指出，对人类潜能的开发，即使是成就卓越的伟人，也只不过开发了极小的、微不足道的部分。

美国心理学家威廉·詹姆士认为，一个正常、健康的人，只运用了其能力的 10%，尚有 90% 的潜力未被运用。

美国人类潜能研究专家 H. A. 奥托在其发表的《人类潜在能力的新启示》一文中指出：“据最近估计，一个人所发挥出来的能力，只占他全部能力的 4%。我们估计的数字之所以越来越低，是因为人所具备潜能及其源泉之强大，根据现在的发现，远远超过我们 10 年前乃至 5 年前的估测。”

控制论奠基人之一 N. 维纳说：“可以完全有把握地说，每一个人，即使他是做出辉煌创造的人，在他的一生中利用他自己的脑潜能还不到百亿分之一。”

科学研究显示，如果人类能够发挥自己大脑功能的一半，就可以轻而易举地学会40种语言，背诵整部百科全书，获得12个博士学位。

根据维也纳大学康士坦丁·梵·艾克诺摩博士估算，人类的脑神经细胞数量约有1500亿个，脑神经细胞受到外部的刺激，会长出芽，再长成枝（神经元），与其他脑细胞结合并相互联络，促使联络网的发达，于是开启了资讯电路。然而人类有95%以上的神经元处于未使用状态，这些沉睡的神经元如果能够被唤醒，几乎人人都可以变成"超人"。

这意味着，只要发挥了足够的潜能，任何一个平凡的人都能成就一番惊天动地的伟业。如果你能够正确地输入和有效地提升大脑这部超大型计算机，让我们的心智功能得以发挥，你将成为一个新世纪的领航者。

但是，潜能沉睡在我们深层的潜意识里，没有充分的前提条件去引爆它，它是不会苏醒的。那么，怎样才能让潜能淋漓尽致地开发出来，步入四度空间、时空合一的圆满境界呢？

答案就在本书中。本书全方位地阐述了真正的潜能量的含义、价值、功能、运用方法以及开发潜能的各种方法。翻开此书，在多个生活中的案例、小故事中，在各种训练方法的便捷速效中，你会得到引爆、开发、运用潜能的火种，从而燃烧你无穷无尽的能量，使你足以创造出理想中美好、幸福、和谐的生活。

对于每一位爱自己、爱生活、爱世界的人来说，对于各行各业积极关注和探索潜在能量的人来说，这本书都是不可多得的"好伙伴"，它启发人们体悟潜在能量的真谛，将潜在能量发挥到最好、最高、最完满的境界；它协助人们迅速抵达结满健康、智慧、成就和幸福等美好果实的大成花园！

杨　安

2014年11月

# 目录
contents

学会正确地看待生活、工作中的种种压力，把这些压力变成激励我们前进的动力，而不是阻碍我们发展的障碍；将危机意识当成点燃潜能的火星，让它引爆我们的巨大潜在能量，压力和危机意识就一定能推动我们前进，使我们变得更卓越。



无论你有多美好的目标，多缜密的计划，只要你不行动起来，成功之门永远不会开启。行动，是通往成功的清幽小路。懈于行动的人，试图侥幸的人会错过许多良机。我们只有下定决心，积极展开行动，在行动中完善自我，才有力量摘下成功的甜美果实。

如果你觉得生活枯燥乏味，失去了最初的新鲜感；觉得做事没有动力，灵魂总是游离于身体之外，不知浮在何处，这就表示你缺少了生命的激情。当你让激情发自内心，并表现成为一种强大的精神力量时，你也能活得更精彩，并创造出日新月异的成绩。

# 第一章

# 没有普通人，只有未开发的潜能

每个人都不是普通人，都是一座宝藏，在他的最深处蕴藏着足以令人梦想成真的丰富资源。只有认识自己、发现自己、挑战自己的人，才能找到这个宝藏的入口，从而利用其中的资源成就完美的人生。

## 目前的现状，你真的满意吗

朋友，你是否满意自己目前的现状？你是否曾对自己的将来有过一番打算？你是否曾经彻夜难眠，在拼命寻找成功的机会？你是否……

也许有的人此时会说满意，但是细细深思一下：这是发自内心的吗？你真的满意现状吗？

人生不如意事十有八九，现实生活中，人们一致认为理想和现实是有相当差距的。每个人的内心之中都曾燃起种种梦想的烈火，但有的人会为了梦想而拼搏，有的人却会停滞不前，继而在无奈之下，不断降低要求，以使自己能“满意”于现状。有时候，当他们遇到比自己的境遇好的人和听到成功故事时，会说：“真是让人羡慕，可他们是生活在另一个世界的人，离我很遥远。”或者这样欺骗自己：“还有人比我的生活条件更差，我还有什么不知足的呢？”然后，他们就容易安于现状，不思进取。或者在单纯地表示羡慕或嫉妒后，就会压制自己的欲望，来敷衍自己。每当有人问其怎么不努力改变现状时，他们总是以“命里有时终须有，命里无时莫强求”作为借口，这也是他们一辈子无所成就的根本原因。

与之相反，成功人士在遇到比自己优秀的人或令人羡慕的情况时他们则会这样说："别人能办到的，我也一样能办到。既然别人能做好，我没有理由做不好。"事实上，成功的人和安于现状的人在起步的时候，都是一样的，但是成功的人在习惯上有着一项绝对优势，那就是尊重自己的欲望，不打压自己的欲望，而是通过现实的努力，满足自己的欲望，完成对自己的尊重。他们总是不满足于现状；他们善于发现自身的不足并加以改正，不文过饰非、自炫己长；他们会一直进取拼搏，继而不断进步，直到取得更大的成功。

有一天，沼泽向从自己身边奔流而过的河流问道："你整天川流不息，一定累得要命吧？你一会儿背着沉重的大船，一会儿负着长长的水筏，在我眼前奔流而过。你什么时候才能抛弃这种无聊的生活呢？像我这样安逸的生活，你找得到吗？我是一个幸福的闲人，舒舒服服、悠悠闲闲地荡漾在柔和的泥岸之间，好比高贵的太太们窝在沙发的靠枕里一样。"

河流回答："水只有流动才能保持新鲜，我成了伟大壮丽的河流就是因为我不躺在那做梦。结果，我的源源不绝的水，又多又清的水，年复一年地给人们带来了幸福，因而赢得了光荣的名誉，或许我还要世世代代地川流不息下去。那时候，你的名字就不会有人知道了。"

多年以后，河流的话果然应验了，壮丽的河流仍旧川流不息，沼泽却一年浅似一年。沼泽的表面浮着一层黏液，芦苇生出来了，而且生长得很快，沼泽最终干涸了。

这个故事告诉我们，安于现状能换取一时的安逸，却得不到丝毫成长，只会慢慢退步，甚至慢慢衰亡。

"在人生的道路上，所有的人并不站在同一个场所——有的在山前，有的在海边，有的在平原，但是没有一个人能够站着不动，所有的人都得朝前走。"这是泰戈尔的名言。

我们每个人都有自己的位置，也许低，也许高，并不是所有的人都能有机会站在人生的最高点，但是"所有的人都得朝前走"，即不论是谁都要努力进取。我们不一定要创造丰功伟绩，但不论现在的成绩如何，我们

都要不断超越现在，不断进取才有成功的机会，而安于现状被安逸生活吞噬进取心的人，则永远没有体验人生风景的机会。

安于现状是一种不思进取的人生态度。安于现状的人可能会平庸下去，即使他是一个很有才华的人，即使他已经取得了很大的成就，如果他安于现状，不思进取，那么他的事业就会停滞不前，甚至于黯淡下去。王安石的文章《伤仲永》，讲的就是这个道理。天资聪颖的方仲永，如果不安于现状，而是积极进取，那么他必定会前途无量、大有作为。结果，他安于现状，最终庸庸碌碌、无所作为。

安于现状会让人被心灵上的“蜘蛛网”绑住，即使最聪慧的人也不能逃脱。这张心灵上的蜘蛛网是由消极心态编织而成的，我们常常被它缠绕不清。例如消极、习惯、成见、惰性等，其中惰性是最具有破坏作用的一种“蜘蛛网”。惰性使人一事无成，或者朝着错误的方向前进，不能停下来，一直错误下去。

安于现状还是发展的绊脚石，因为当下所处的环境很可能就是“温水煮青蛙”中的温水，如果不能让自己保持警惕就会在不自觉中陷入险境。

反之，对现有条件的不满则是成功的基石。这种不满能让人陷入沉思：为什么我会这样子？怎么样才能过上更好的生活？看到新的事物，人就会因受刺激而产生挥之不去的欲望，在这种情况下，人们就能努力寻找解决的方法，一个人如果看到了适合自己的标杆，模仿也能达到不错的效果。即使不模仿，也能从中受到启发，增强自己前进的动力和信心。

鲁迅先生曾经说过：“不满是向上的车轮，能载着不自满的人类向前进。”可以说，不满意于现状是一个影响个人乃至世界的理念，也是一个改变个人及世界面貌的理念。我们之所以能一直进步，并能取得巨大成就，进入今天高度发达的文明时代，正是因为整个人类都没有满足现有的状态，而是不断地追求新的高度，永无止境地追求新的目标。

满足是成功的绊脚石，我们要不断的归零。不满意于现状，是进步的先决条件，唯有不自我满足的人，才能不故步自封。没有最好，只有更好。人生在世，就不应该消极的满意于现状，而要积极的不满，不断地告诉自己：我可以做得更好，我可以让自己的人生更有意义，我就是要成为一名真正为自己负责的人。如此，才能在人生的旅途中找到成功之路，开创一个更加美好的未来。

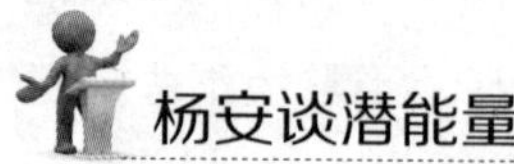

杨安谈潜能量

◆时刻想着提高和进步，是成功者最重要的习惯。

◆没有积极向前的动力，成长就会停顿。

◆在现实生活中，满意于现状而不思进取，就会失败。

## 难道真的已无能为力

在这个世上，有许多人都陷进了自己所不期望的人生境况里，动弹不得。虽然这些人不满意自己的学识、职业，不满意现在的身心健康、经济状况、居住环境、社会地位等。但是，他们或是不敢冒险，裹足不前；或是尝试过努力之后，沮丧的放弃努力，安于现状。而这正是他们在当今瞬息万变的社会中被淘汰出局的主要原因。

美国哲学家詹姆斯说："人应该不满足于现状，做一些别人做不到的事才能比别人发展得更好。"这是一个永恒不灭的真理，这是人生进步的基础和追求上进的阶梯。有一句名言与这个观点相同："容易走的都是下坡路。"在人生中，只有不满足于现状，才能永葆热情和活力，才能实现一个个更高远的目标！

"你说的我都了解，但是我无能为力了"。有的朋友可能会如此反问。难道真的已经无能为力了吗？答案是否定的。

就像拿破仑·希尔所说："心态是命运的控制塔，心态决定我们人生的成败，一个人的命运如何，很大程度上取决于他的心态，端正了心态，就能正确地对待生活，保持良好的心态可以让我们心绪平稳，不骄不躁，无论处于何种境地，总会让我们有意外收获。”

虽然我们常常会遇到这样那样的阻碍或困难，这些阻碍和困难会使我们受到打击，使我们产生失败感、自卑心，不利于我们实现自己的理想，但是善于激励自己，可以让我们从挫折中学到更多的正确知识，使我们能够及时地调整自己的精神状态，使自己从困境的阴影里走出来。

对一个人来说，最可怕的事情莫过于他的脑子里认为自己无能为力，认为自己的命运早已注定。许多具有真才实学的人终其一生却少有所成，其原因就在于他们深为令人泄气的自我暗示所害。无论他们想开始做什么事，他们总是胡思乱想着可能招致的失败，他们总是想象着失败之后随之而来的羞辱，一直到他们完全丧失创新精神或创造力为止。

其实，命运掌握在自己手里，是积极进取，还是悲观退缩，都由我们自己控制和主宰。

有时候，我们看到有些能力并不十分突出的人却生活得非常不错，而我们自己的境况反不如他们，甚至于一败涂地，这时就会认为有某种神秘的命运在帮他们，而在自己身上有某种东西总是在拖后腿。实际上却是我们的思想、我们的心态出了问题。想要取得成功，就必须具备成功的积极心态。心态是一个人对待事物的驱动力，不同的心态将产生不同的驱动作用，好的态度产生好的驱动力，注定会得到好的结果，而不好的态度会产生不好的驱动力，注定会得到不好的结果。

有位大学教授曾经做过一个“九个人过桥”的试验。

教授对九位实验者说：你们九个人听我的指挥，走过这个曲曲弯弯的小桥，千万别掉下去，不过掉下去也没关系，底下就是一点水。

走过去后，教授打开了一盏黄灯，透过黄灯九个人看到，桥底下不仅仅是一点水，而且还有几条在蠕动的鳄鱼。

教授问：现在你们谁敢走回来？

教授说：你们要用心理暗示，想象自己走在坚固的铁桥上。

只有三个人愿意尝试：第一个人颤颤巍巍，走的时间多花了一倍；第二个人哆哆嗦嗦，走了一半再也坚持不住了，吓得趴在桥上；第三个人才走了三步就吓趴下了。

教授这时打开了所有的灯，大家这才发现，在桥和鳄鱼之间还有一层网，网是黄色的，刚才在黄灯下看不清楚。大家现在不怕了，说要知道有网我们早就过去了，几个人哗啦哗啦都走过来了。

只有一个人不敢走，教授问他，你怎么回事？

这个人说，我担心网不结实。

这个试验让我们清楚地明白，心态决定了能力的发挥程度。

根据心理学家的统计，每个人每天大概会产生 5 万个想法。如果拥有积极的态度，那么就能乐观地、富有创造力地把 5 万个想法转换成正面的能源和动力；如果态度是消极的，就会显得悲观、软弱、缺乏安全感，同时也会把这 5 万个想法变成负面的障碍和阻力。

心理学家早已发现：一个人被击败，不是因为外界环境的阻碍，而是取决于他对环境如何反应。中国国家男子足球队主教练米卢·帝诺维奇说的“态度决定一切”就是这个意思。悲观消极的态度不会改变任何现实，但是积极的心态和行为可以改变一切。

积极的心态必须是正确的心态。正确的心态总是具有“正性”的特点，例如：忠诚、仁爱、正直、希望、乐观、勇敢、创造、慷慨、容忍、机智、亲切和高度的通情达理。具有积极心态的人，总是怀着较高的目标，并不断奋斗，以达到自己的目标。

消极的心态则具有与积极的心态相反的特点。可以说，消极就是人类致命的弱点。如果不能克服这一致命的弱点，你将失去希望之所在，并失去希望之所由，悲伤、寂寞、烦躁、颓废、痛苦，世界将因此毁灭。

因此，如果我们脑海中存有“无能为力”的思想，应尽快把它驱逐掉，因为消极的想法势必会导致真正意义上的失败。有许多成功者的例子都可以印证这个道理。如果我们能用慎重的态度去思考这些案例，同时让自己的想法如同这些人一样积极，那么你将能克服那些看来“无能为力”

的困难，很快地摆脱消极心理的阴影，成为一个快乐的成就者，得心应手地改变现状，创造自己的梦想花园！

### 杨安谈潜能量

◆思想和心态就像轮子一般，使我们朝特定方向前进。

◆消极不能解决任何问题，唯有积极心态才能找回自信和力量，从而改变现状。

◆你的心理就是你的不可见而恒定的法宝。

## 为什么他们就是做得比你好

生活在一个复杂的环境中，我们总感觉自己的身上充满了束缚，现实让我们不得不低下头、弯下腰放弃自己的追求，每当这个时候，我们就会感叹命运的波折和上帝的不公，但如果我们仔细观察，就会发现这样的一类人，他们面对与我们同样的环境、同样的束缚，却能够战胜现实，实现自己的理想，为什么他们就是做得比你好？

其实，现实的束缚对于每个人都是一样的，之所以有人能够做得更好而有人会失败，主要原因就在于是否始终有着积极的成功渴望。

西方谚语说得好："上帝只拯救能够自救的人。"成功属于愿意做得更好的人。成功有明确的方向和目的。你不愿做得更好，谁拿你也没办法；你自己不行动，上帝也帮不了你。

成功并不是一个固定的蛋糕，数量有限，别人切了，你就没有了。恰恰相反，成功的蛋糕是切不完的，关键是你是否去切。因此，你能否做得更好，与别人的成败毫无关系。只有自己一直抱有做得更好的成功渴望，才有成功的可能。

宋朝著名的禅师大慧，门下有一个弟子叫道谦。道谦参禅多年，仍无法开悟。一天晚上，道谦诚恳地向师兄宗元诉说自己不能悟道的苦恼，并求宗元帮忙。

宗元说："我能帮忙的话当然乐意之至，不过有三件事我无能为力，你必须自己去做！"

道谦忙问是哪三件。

宗元说："当你肚饿口渴时，我的饮食不能填你的肚子，我不能帮你吃喝，你必须自己饮食；当你想大小便时，你必须亲自解决，我一点也帮不上忙；最后，除了你自己之外，谁也不能驮着你的身子在路上走。"

道谦听罢，心扉豁然洞开，快乐无比，他感到了自我的力量。

做得更好，始于自愿自觉。

按照弗洛伊德的理论，人生来就有"做伟人"的欲望。"做伟人"其实就是"成功"的集中表现。弗氏之后的一些心理学家经过研究，也得出一个相似的结论：不论民族、文化、历史、家庭、性别和年龄，人天生就有爱受赞美、喜爱被尊重的强烈愿望和倾向。这是"人"的共性。因此，可以这么说，做得更好的成功渴求与生俱来。

然而，我们往往会在成长的过程中特别是幼年时代，因为遭受外界的批评、打击和挫折，而将奋发向上的热情、欲望被自我消极的想法压制、封杀，从而对失败惶恐不安，又对失败习以为常，丧失了信心和勇气，渐渐养成了懦弱、犹疑、狭隘、自卑、孤僻、害怕承担责任、不思进取、不敢拼搏的负面情绪。

这样的性格，在生活中最明显的表现就是随波逐流，与生俱来的成功火种过早地熄灭。这也是为什么有的人做得总不如别人好的根本原因。因此，要改变失败的命运，就要改变消极错误的心态。你可以一无所有，却不能失去做得更好的成功渴望。渴望是成功之舟的双桨，是雄鹰上天的翅膀。

一个年轻人非常渴望寻得成功之道，他听别人说在一个偏远的山区有一位智者，那位智者懂得成功之道，很多人都在他的指导下取得了成功。于是，年轻人不辞辛苦地去山区寻找智者。工夫不负有心人，他终于找到了智者。

年轻人说：“智者，应该具备什么样的条件才能够成功啊？你可不可以教我如何去做？”

智者说：“你真的很想成功吗？那么，就跟我走吧。”

智者说完话之后，根本没有理会年轻人的想法，就径直朝山区里的一条河走去。年轻人知道智者是想传授给自己成功之道，所以就尾随智者向前走。一直走着，遇到河也不停下来，年轻人被智者引导到河水里，越往前走越深，水已经淹到脖子，再走下去就要没顶了。突然，智者转身把年轻人的头摁进水里。年轻人奋力挣扎，很想摆脱自己面前的困境，但是智者一直摁着不松手，大约过了一分钟，智者才把手慢慢松开。

年轻人赶紧仰起头，深深地吸了一口气。他被智者的行为给激怒了，大声喊道：“我是来请教成功之道的，你想把我淹死在水里啊？”智者并没有生气，说道：“你不是想知道如何成功吗？如果你渴望成功的意志能像刚才想呼吸空气那么强烈，你就可以取得成功了。”

很多人不能取得成功，整天为找不到成功之道而焦虑，其实，成功源于渴望成功的心。

心理学家经过认真考证发现，满怀希望的人做事往往会有很高的效率，成功的概率也会比一般人高出许多。如果这类人群身陷逆境，也会扭转局面，从困顿中解脱出来，这就是“渴望效应”。针对渴望效应，心理学家称希望感是人类生存的根本欲望，只有活在渴望之中，才会有目的、坚忍地向前迈进，进而获得成功。

“我要做得更好”“我能成功”“我一定会成功”……这些都是渴望成功的心理。

保持一种渴望成功的心态，人的心态就会变得更加积极，能主动地去抓住机遇，不断完善自我，所以，每天都能取得进步，不断地超越。真正想要做得更好的人，一定要抱有“我要成功，我一定能成功”这种渴望成功的心态，这是生命的内在动力，也是迈向成功的动力。

人的一生，就像一趟旅行，沿途中有数不尽的坎坷泥泞，也有看不完的春花秋月。如果我们的一颗心总是被灰暗的风尘所覆盖，干涸了心泉、黯淡了目光、失去了生机、丧失了渴望，我们的人生轨迹岂能美好？

是花，总要绽放；是爆竹，总要炸响；是金子，总要发光。如果沉没了许久，那么现在是呐喊的时候了；如果黯淡了许久，那么现在是灿烂的时候了；如果平庸了许久，那么现在是崛起的时候了。不要再空叹别人为什么比你做得好，别忘了，一切成功皆源于渴望。只要你不断地用积极的心态来对待自己的生活和事业，你也必定会收获更甘美的成功果实。

### 杨安谈潜能量

◆只要我们启发自己对现状的不满，保持积极的成功渴望，美好未来自会展现在眼前。

◆经常检查自己是不是被迟钝、有害的心理困扰着。要时刻提醒自己剔除消极心理。

◆一个人的渴望和决心就是他的成功资本。

## “做不好”大多是你自己的一种认为

人最难了解的就是自己，特别是在社会上经历了风风雨雨，在生活上经过了各种挫折打击后，就更难正确地评估自己。总会凭空设立了一个高度，然后对自己说，你做不好，这就是你的极限了，你能做的就只有这么多。于是再也不敢拼搏，再也不思进取，每次都低着头，弓着腰。其实只要你抬头挺胸地大步前行，一定会发现那个所谓的高度并不存在，而你能做的事要比你想象中多得多！当你走出自我设限的牢笼，你会发现“做不好”大多是你自己的一种认为，很多事并不是你做不到，而是你不敢做，你的潜能其实是极其巨大的。

奥地利著名的心理学家阿德勒，在上小学的时候，他的数学成绩非常差。老师、同学和他的父母都认为他不能学好数学，认为他在学习数学方面有着很大的缺陷，甚至连他自己也一直这么认为，觉得自己没有数学头脑、缺乏数学逻辑思维，自己根本就没法学好数学。这样的观念在他的脑海里一直持续了很久，由此而造成的自我设限使得他的数学成绩越来越糟。

然而，有一天，一件意想不到的事情却改变了他。那天，数学老师在黑板上写了一道难题后，就开始一边讲解一边演算给台下的同学们看。可是，讲到中途，老师却卡壳了，一时间怎么也想不出下一步该怎么解。下面的同学都暗暗地为老师捏了一把汗，也想看该如何解答，但是都没能想出来。而在这时，阿德勒却想出了解题的方法和答案。

于是，他鼓起勇气站起来，把自己心中的想法一一地说了出来。老师和同学们听他讲完后，都觉得他说的非常有条理，那的确是一种很好的解题思路和方法。他们都为他能想出这样的解法觉得自己没有数学逻辑思维能力了。随着他对自己认识的改变，慢慢地，他发现数学不再像他以前所想的那样难，不再像以往那么可怕了，而且他还有些喜欢学习数学了。最后，期末考试，他的数学考试取得了相当好的成绩。

成功，有时其实就这么简单。在很多时候，我们的失败不是由于我们缺乏那方面的能力，而是由于错误的自我认识限制了自己。给自己乱贴“做不好”的标签，对自己进行错误的自我设限，不相信自己的能力，将自己所能发挥的水平禁锢到了某个低水平上，并且还理所当然地认为自己仅有那样的水平。这样，我们相当于给自己围了一堵厚厚的墙，把成功与我们隔得远远的！

《论语》里面有这样一段话：“冉求曰：‘非不说子之道，力不足也。’子曰：‘力不足者，中道而废，今女画。’”这段对话的意思是：冉求问孔子说：“我并非不想遵从您的学说，而是我的力量不够。”孔子说：“如果真的力量不够是走到一半就再也走不动了。现在你却是为自己划定了停止的界限。”其实我们在很多时候都像冉求一样，在做事之前就先在内心为自己设定了界限，在这样的情况下，即使没有现实的束缚，我们也是不可能实现目标的。

德山禅师在尚未得道之时曾跟着龙潭大师学习，日复一日地诵经苦读让德山有些忍耐不住，一天，他跑来问师父："我就是师父翼下正在孵化的一只小鸡，真希望师父能从外面尽快地啄破蛋壳，让我早日破壳而出啊！"

龙潭笑着说："被别人剥开蛋壳而出的小鸡，没有一个能活下来的。母鸡的羽翼只能提供让小鸡成熟和有破壳力的环境，你突破不了自我，最后只能胎死腹中。不要指望师父能给你什么帮助。"

德山听后，如醒醐灌顶，后来果然青出于蓝，成了一代大师。

在我们的人生中，很多人之所以跌倒在困难面前爬不起来，不是因为困难或者挫折不可战胜，而是因为他们在自己的心里先给自己设了限。事实上，阻碍他们重新站起来的不是困难，而是他们心里自认为"做不好"的消极暗示。这种自我设限的"心理高度"也是人无法取得成就的根本原因之一。

要知道，在事情还没有开始就选择逃避的人，肯定不会成功！一件事情如果你去做了，你就有0.1%的希望成功，如果你不去做，就连0.001%的希望也没有。因此，永远不要以消极悲观的态度看问题，因为那只会粉碎你内心最美好的梦想与希望！你心里要总是想着：我一定能做好！

人的一生就是奋斗的一生。人类的生命生生不息，而个人更要奋斗不已！不到生命的最后一刻我们绝不轻言放弃，生活的磨炼是在提升我们的智慧，考验我们的意志，我们应愈战愈勇，屡败屡战，要有一种强烈的生命冲刺意志。

人生其实就是一个尝试的过程。只要对未来充满希望，敢于尝试，敢于行动，不要对自己说"做不好"，你就会充满力量。无论你过去怎样，那都是过去的事。过去你成功了，并不代表未来还会成功；过去失败了，也不代表你以后就要失败。因为过去的失败和成功，只是代表着过去，未来是靠现在的决定，现在干什么，选择什么，就决定未来的结果。失败的人不要垂头丧气，成功的人也不要骄傲自满，世界上没有永恒的失败，也没有永恒的成功。

因此，慎下结论，去掉"做不好"的思想观念，相信万事都有可能，

千万不要自我设限，你的生命就可以变得更坚强、更快乐，你的内心也会有重大的突破。更坚强的信仰、深刻的理解和无畏的奉献将会为你开启另一扇人生之门。你不仅会精力充沛，可以应付各种问题，还会有足够的精力和远见，对许多人产生创造性的影响。

当你真正发自内心的不自认为“做不好”，不自我设限，而以积极的心态去思考、去行动，你的人生将不会再有压抑，不会再有绝望，你也不会再被任何难题所控制、阻挠。那时，你会发现，其实，成功就那么简单，你能做得远远比现在更好！

### 杨安谈潜能量

◆懈怠畏缩，一切都不可能；奋发图强，一切都有可能！

◆积极的行动最容易激发生活热情。

◆打破自筑藩篱，跨出自我设限，就会成就一个更优秀的自己。

## 人们总是在否定中封印自我潜在的能量

也许我们每个人都遇到过这样的情况，做事情到一定的程度，就认为自己只能做到这儿了，下面就无计可施了；或者本来从事一个行业，当有机会去做新的行业时，马上就打了退堂鼓：“不行不行，我怎么能行呢?”自我否定让人把自己限制在了狭小的空间里，封印了自我巨大的潜在能量。

科学研究显示，普通人都只开发了他所蕴藏的能力的1/10。与我们应当获得的成就相比较，我们几乎是处于一种半梦半醒之间，我们只利用了我们身心的很小一部分。如果人类能够发挥自己大脑功能的一半，就可以轻而易举地学会40种语言，背诵整个百科全书，获得12个博士学位。

这就是你自己的真实资料，是和你自己有关的数据。可以说，在合理的范围内，只要你不自我否定，充满信心，积极行动，你几乎是无所不能的。可是如果你自我否定，不去开采自身的潜在能量，这些宝藏就会依旧深埋在暗无天日的地下。在我们的生活中，有很多人因为自我否定使得人生失去了很多发展的机遇，最后带着被埋没的才能和无尽的遗憾，默默地告别了人世。这的确是非常悲哀的事情。

有一只乌龟在沙滩上晒太阳时，几只螃蟹走过来，它们看到乌龟背上的甲壳就嘲笑道："瞧瞧，那是一只什么怪物啊，身上背着厚厚的壳不说，壳上还有乱七八糟的花纹，真是难看死了。"乌龟听后，觉得很羞愧，因为它自己早就痛恨这身盔甲，可这是娘胎里带出来的，没法改变，它只能把头缩进壳里。来个眼不见、耳不听，落得个清静。谁知螃蟹们见乌龟不反抗，便得寸进尺，"哟，还有羞耻心哩，以为把头缩进去，你就能改变你一出生就穿着马甲的命运吗?"乌龟没有应答，螃蟹自讨没趣地走了。

乌龟等螃蟹们走后，伸出头，运动四肢，找到一处礁石，把它的背部靠在礁石上不停地磨，想磨掉那件给它带来耻辱的破马甲。终于，乌龟把背磨平了，马甲不见了，但弄得全身鲜血淋漓、疼痛不堪。

一天，东海龙王召集文武百官升朝，宣布封乌龟家族为一等爵位，并令它们全体上朝叩谢圣恩。在乌龟家族里，龙王一眼就瞧见了那只已没有了马甲的乌龟，便大怒道："你是何方妖怪，胆敢冒充乌龟家族成员来受封?""大王，我是乌龟呀!""放肆，你还想骗本王，马甲是你们龟类的标志，如今你连标志都没有了，已失去了本色，还有什么资格说自己是乌龟。"说完，龙王大手一挥，虾兵蟹将们就将这只没有了马甲的乌龟赶出了龙宫。

其实，我们自己也会犯这样的错误，当别人谈论我们的不足，认为我们的所作所为不合常理时，我们也会有一种自我关注的情绪在否定着自己，认为自己不如别人。更有甚者，会暗自将自己放到人群中加以比较，这样的结果往往是越比较越自我否定，越觉得自己一无是处。于是渐渐失

掉了自己的本来面目，逐渐与他人的言论和行动趋于一致。

自我否定是一种不健康的心理现象，是一种认为自己不可能成功的心理状态。它一旦形成并得到发展，就会对人的心理过程和个性心理产生一系列日益显著的影响。

随着消极的自我暗示不断出现，智能水平会逐渐下降，思维与应变能力的减退也会更加明显。

自我否定，会造成人格和心理的卑怯，不敢面对挑战，不敢以火热的激情拥抱生活，而是卑怯地自怨自艾。久而久之，自我否定成“病”，失去应有的雄心和志气。

随着自我否定的发展，逐渐形成逃避现实、离群索居的孤僻性格；谨小慎微、容忍退让的懦弱性格；自欺欺人、表里不一的虚伪性格；甚至走向悲观厌世、自我毁灭的危险道路。

自我否定是人生中最危险的杀手。自我否定可以轻易地毁掉一个颇具才华的人。一个对生命负责的人绝不能让自我否定尘封住自己内心的宝藏。

怎样摆脱自己心理或其他方面带来的自我否定感呢？

### 1. 客观全面地看待事物

具有自我否定心理的人，总是过多地看重自己不利和消极的一面，而看不到有利和积极的一面，缺乏客观全面地分析评价事物的能力和信心。因此，为了战胜自我否定，我们要努力提高自己透过现象抓本质的能力，客观地分析对自己有利和不利的因素，尤其是要看到自己的长处和潜力，而不是妄自菲薄。

### 2. 在积极进取中弥补自身的不足

有自我否定心理的人大都比较敏感，容易接受外界的消极暗示，从而越发陷入自我否定中不能自拔。如果能正确对待自身缺点，把自身的不足变成动力，奋发向上，就会取得一定的成绩，从而也会增强自信，摆脱自我否定。

### 3. 学会给自己记功

不论功劳大少，只要做了一件让自己满意的事就记下来。并且试着去处理一些棘手的事情，试着自己慢慢解决，实在无法解决可以请别人来帮忙，然后就会发现事情并没有想象的那么难，自己也越来越有力量。

### 4. 勇于尝试

强者不是天生的，强者也并非没有软弱的时候，强者之所以成为强者，在于他善于战胜自己的软弱。尽量不要理会那些使你认为你不能成功的疑虑，勇往直前。即使是失败也要去尝试，其结果往往并非真的失败。久而久之，你会从紧张、恐惧、自我否定的束缚中解脱出来。

### 5. 正确面对失败

人生事业的发展结果不是失败就是成功。由于失败对人是一种“负性刺激”，总会使人产生不愉快、沮丧、自我否定。那么，一个人一旦面对失败，该如何克服自我否定情绪呢？有关学者认为，最为关键的是要用理性的态度：做到大志不改，不因挫折而放弃追求；注意调整、降低原先不合实际的“目标值”，及时改变方式再作尝试；用“局部成功”来激励自己；采用自我心理调适法，即采取一点“自我调侃”“自嘲”之类的精神胜利法。

世界充满了成功的机遇，也充满了失败的可能。所以要不断提高自我应对挫折与干扰的能力，调整自己，增强社会适应力，坚信成功孕育于失败之中。若每次失败之后都能有所“领悟”，把每一次失败当作成功的前奏，就能化消极为积极，变自我否定为自信，失败就能领你进入另一个新境界。

### 6. 多结交一些乐观友和益友

具有自我否定性格的人，总喜欢把自己封闭起来，这会为身心发展带来很大的不利。毕竟，人以群居，离开了集体，人就会感到孤独、失落，也会产生一些心理问题。

奥格斯特·史勒格说：“在真实的生命里，每项伟业都由信心开始，并由信心跨出第一步。”

信心是成功的“助推器”，自我否定是成功的“绝缘体”。如果你常常自我否定，即使遇到了良机，遇到了贵人，也会因丧失自信，最终败在自己手中。所以，要想成功必须摒弃自我否定的意识，深刻认识到自我的巨大潜能，建立自信心。这样，才会产生顽强的精神和意志，超越自己，战胜困难，争取到本应属于你的成功。

### 杨安谈潜能量

◆人一旦被自我否定的情绪所俘虏，那么他的心智及创造力都将被扼杀，最终沦为一个愚钝而平庸的人。

◆人最大的敌人就是否定自我的能力，人最大的贵人就是相信自我的潜能。

◆自我否定只会让你接近失败，远离成功。记住，你的潜能远在你想象之外！

## 人生高度 = 潜能释放的程度

研究发现，任何成功者都不是天生的，有的人之所以成功就是因为尽可能多地开发了他自身无穷无尽的潜能。那些被世人称为天才者，也只不过是他们自身开发了潜能而已。换言之，每个人的体内都潜伏着巨大的潜能，但这种潜能一直酣睡着，越是能够释放出潜能，就越是能够成就一番惊天动地的伟业。事实上，潜能释放的程度就等于人生的高度。

爱迪生曾经说：“如果我们做出所有我们能做的事情，毫无疑问地会使我们自己大吃一惊。”对于个人来说，或许你会说“我只不过是一个非常普通的人，因此，我从来没有期望过自己能做出什么惊天动地的事情来”，或许这便是症结所在——正是因为你从来没有想过自己能够做出惊天动地的事情来，从而将自己固定在了一个自我期望的范围内，永远无法实现真正的自我突破。

殊不知，每个人都是一座宝藏，在它的最深处蕴藏着足以令人梦想成真的丰富资源。只有认识自己、发现自己、挑战自己的人，才能找到这个宝藏的入口，从而利用其中的资源成就完美的人生。

迪士尼玩具公司首席顾问玛丽娅的故事很富有传奇色彩。在她6岁那年的圣诞节，父亲要送她一件礼物，于是就带她来到迪士尼公司经营的一家玩具城，让她自己挑选。平时小玛丽娅就特别喜爱玩具，但由于家庭拮据而买不起，她就经常自己用橡皮泥捏成各种各样的小动物。她的橡皮泥玩具几乎每天都要翻新花样。

来到玩具城后，玛丽娅却没看中一件玩具。她的这一异常表现恰好被站在一旁的玩具公司老板唐纳德发现了。这位美国玩具商耐心地听完玛丽娅不喜欢店里玩具的原因后，将她领到自己的办公室，把她刚刚指责的玩具一一摆在桌子上，又派人为玛丽娅取来橡皮泥，让她按自己的想象为那

些玩具改变形象。结果让唐纳德大为折服，立即协商与这位只有6岁的女孩子签订一项长期合同，破天荒地聘请她为玩具公司的顾问。

后来，迪士尼公司为充分发挥和挖掘玛丽娅的天赋和潜能，每当世界各地有玩具展销活动时都要带上她，使她眼界大开，对各种玩具提出的意见和见解也更加准确、更能切中要害。经玛丽娅参与设计的玩具给公司带来了丰厚的利润。

在玛丽娅15岁的时候，她作为世界上最年轻的亿万富翁和最年轻的商人而被载入《吉尼斯世界纪录大全》。

由此我们可以看出，一个人的成功不在于年龄大小，很大程度上在于对潜能的合理开发。

世界顶尖潜能大师安东尼·罗宾曾经说过，无论是哪一个成功者，他们的成功都不是天生的，他们每个人能够取得成功的最重要原因就是因为他们开发了自己无穷无尽的潜能。因此只要你能够抱着一种积极向上的心态去开发自己的潜能，你就可以让全身充满能量，你的能力也就会不断增强。如果你抱着一种非常消极的心态，不去开发自己的潜能，那你就只能永远叹息命运的不公平，并且从此消沉下去。

著名作家柯林·威尔森曾用富有激情的笔调写道：在我们的潜意识中，在靠近日常生活意识的表层的地方，有一种“过剩能量储藏箱”，存放着准备使用的能量，就好像存放在银行个人账户中的钱一样，在我们需要使用的时候，就可以派上用场。

这些潜能包括生理上的应急防危机制、玄奥精妙的思维、怪异无常的想象和百折不挠的顽强意志等，这些潜能只有在极其异常的情况下才被激活，充分发挥出来。

一个人在深山老林中行走，突然遭遇大黑熊的尾随，此时躲藏已不可能，又无法喊人来援救，于是夺路狂奔，可是后面的黑熊更是紧追不舍。这个人跑着、逃着，突然前面出现一条很宽的深沟，此时已无暇多想，只有闭上眼睛，奋力一跃。本以为自身小命不保，等睁开眼，居然跳过去了。这一跃，他测算了一下，是他平时跳远距离最好成绩的两倍，连他自己也不敢相信自己竟然有这么大的潜能。有人采用这种野兽训练法来训练短跑运动员，其道理就是想创造一种危险奇境来激发运动员身上所蕴藏的巨大潜能，以达到提高速度的目的。

还有一位外国孩子的母亲，她的孩子在自家16层楼的阳台上玩耍，不慎掉下去了。正好被她的母亲看到，她来不及多想，飞身下楼，居然赶在孩子落地之前张开双臂把孩子接住了，这简直是匪夷所思！有人认为这是在编故事，然而事实却是真的，这就是蕴藏在人身上的巨大能量的释放。

再比如爱因斯坦相对论的提出，牛顿万有引力定律的提出，阿基米德浮力定理的提出，毕加索的绘画等，这些无不与他们内在的玄奥精妙的思维、怪异无常的想象和百折不挠的顽强意志的潜能释放有关。

其实每一个普通人都有自己的巨大潜能，都有一座有待开发的富矿，只是它们都隐藏在深处，犹如地下之水，只有深层地挖掘，人们才能品尝到这水的甘甜。

生活中，很多人之所以碌碌无为，不是因为他们没有努力，也不是因为他们没有成功的能力，而是因为他们无意间把玻璃罩罩在了自己的潜意识里，限制了想象的空间，制约了潜能的挖掘。

为什么文盲也能成为董事长、将军？因为他们最大限度地发挥了自己的潜能。科学研究表明，人的潜能很大，一般人只开发了10%的潜能。人的潜能就像空气，可压缩于斗室，可充斥于广厦，把人放在多大的空间，人就会发挥出多大的能量。

一个人不论目前际遇怎样，工作状况如何，只要有心改变，都能将其本身潜藏的巨大能量发挥出来，达到前所未有的新高度。人生的高度就等于潜能释放的程度。越开发，越运用，就能够越强。为此，从现在开始，我们就要深刻透彻的了解它、掌握它、释放它，发挥它无法替代的重要作用，使自己直挂云帆济沧海！

## 杨安谈潜能量

◆尽可能地挖掘自身的潜能，你会发现自己从来不敢攀登的高峰，终被踩在自己的脚下。

◆最大化地开发一个人的潜能，已成为每个人一生要面对的重要命题。

◆只有尽可能多地开发了自身无穷无尽的潜能，才能做出惊人的业绩来！

# 第二章

# 重识潜能，什么才是真正的潜能量

真正的潜能聚集了人类数百万年来的遗传基因层次的资讯。它囊括了人类生存最重要的本能与自主神经系统的功能与宇宙法则，即人类过去所得到的所有最好的生存情报都蕴藏在潜能里，只要懂得开发这股与生俱来的能力，几乎没有实现不了的愿望。

## 告诉你什么才是真正的潜能量

潜能，在哲学、心理学和教育学中都有对它的定义，这些定义间存在差异，但在内涵上，还是有几点可以达成共识的。

### 1. 潜能的真正内涵

#### （1）潜能是潜在的能力，不是现实的能力

现实的能力是指保证人们成功地进行实际活动的一系列心理和生理特点的综合。而潜能是一种潜在的、可能的、能够向实际能力转化的能力。它需要一个转化的过程才能演变为现实的能力。

#### （2）潜能是发展的前提和基础

任何现实能力均是由潜能转化而来。一个正常的新生儿，能力有限，但他具备发育成一个成熟的个体的所有潜能，因而随着年龄的增长，他也

逐步把这些潜能转化成为现实的能力。如果新生儿具有某些缺陷，也就是缺乏某些方面的潜能，那他长大后也不可能具备相应的能力。

### (3) 潜能是发展的可能性

在《哲学大词典》中有这么一段说明：“潜能实现了的时候就是现实的能力，现实的能力还没有实现的时候就是潜能。”从这个说明中我们可以领会到：任何个人的发展都是潜能向现实能力转化的过程。

潜能中聚集了人类数百万年来的遗传基因层次的资讯。它囊括了人类生存最重要的本能与自主神经系统的功能与宇宙法则，即人类过去所得到的所有最好的生存情报都蕴藏在潜能里，因此只要懂得开发这股与生俱来的能力，几乎没有实现不了的愿望。

我们常常听说过一些超体力的事件：一个非洲人能用双手同时拖住向相反方向开动的两辆汽车；一个美国人双手提着461千克重的大石头，走了8.84米；我国一位奇人曾躺在布满碎玻璃的木板上，身上压着重约50千克的大木板，让十几位观众站在木板上踩。

据报道：印度七八岁的狼孩，四肢奔跑的速度之快可超越体魄健全的成年男子；法国12岁的羚羊孩，蹦跳幅度惊人，频率很快，善于攀登悬崖峭壁；法国10岁的海豹孩，抗寒能力同海豹无异。有人感叹道：如果科学能揭示出兽孩体能的秘密，并诱发人体的这种潜能。那么，人类在征服大自然中就会别具一番风采……

人的身高、寿命的潜能大得惊人。1918年出生的美国人瓦德罗，身高竟达2.72米。人的自然寿命为生长发育期的5~7倍，人至少活到125~175岁，个别人甚至活到252岁。有消息报道，如果未来科学能改变人体衰老基因或调节基因开关，人的寿命则可无限延长。

19世纪最精彩的爱情故事的主人公是全瘫的女诗人伊丽莎白·芭莉特小姐，在比她大6岁的英国著名诗人罗伯特·白朗宁的爱情呼唤下，竟奇迹般地站立起来了，他们结了婚，生了孩子，并双双写出了不少诗作。

智力和非智力的潜能比比皆是。张海迪、海伦·凯勒……

但即便是这样，人类的潜能开发仍然只是处于起步阶段。国外潜能研究专家和心理学专家指出，人类潜能开发，即使是成就卓著的伟人，也只不过开发了极小的、微不足道的部分。美国心理学家威廉·詹姆士认为，一个正常健康的人，只运用了其能力的10%，尚有90%的潜力未被运用。美国人类潜能研究专家H. A. 奥托在其发表的《人类潜在能力的新启示》一文中指出："据最近估计，一个人所发挥出来的能力，只占他全部能力的4%。我们估计的数字之所以越来越低，是因为人所具备潜能及其源泉之强大，根据现在的发现，远远超过我们10年前，乃至5年前的估测。"控制论奠基人之一N·维纳说："可以完全有把握地说，每一个人，即使他是做出了辉煌创造的人，在他的一生中利用他自己的脑潜能还不到百亿分之一。"

根据维也纳大学康士坦丁·梵·艾克诺摩博士估算，人类的脑神经细胞数量约有1500亿个，脑神经细胞受到外部的刺激，会长出芽，再长成枝（神经元），与其他脑细胞结合并相互联络，促使联络网的发达，于是开启了资讯电路。然而人类有95%以上的神经元处于未使用状态，这些沉睡的神经元如果能够被唤醒，几乎人人都可以变成"超人"。

这意味着，只要发挥了足够的潜能，任何一个平凡的人，都能成就一番惊天动地的伟业。如果你能够正确地输入和有效地提升大脑这部超大型的计算机，让我们的心智功能得以发挥，你将成为一个新世纪的领航者。

## 2. 潜能的开发

### （1）正面暗示

我们生活在世界上，每天都要接收大量信息，有正面的也有负面的。我们要主动接受正面暗示，排除负面暗示。因为经常接受负面暗示的人，容易灰心沮丧，一生无所作为，而接受正面暗示的人则倾向于表现出积极心态，百折不挠。因此，我们应当用正面暗示武装自己，天天练习，并使自己充满自信。

(2) 善于引导

寻求更大领域、更高层次的发展，是人生命意识里的根本需求。具有主体自觉意识的自我——有理性的自我，是绝不愿意停留在任何一种狭小的、有限的状态之中的，而总是想要不断开拓以取得更大的发展和成功，从而更好地生存。这种炽热的、旺盛的发展需要，是渴望成功的表现，是潜能蓄势待发的前兆。只要对这种发展意识给予有益的暗示、引发、规划和培育，就能很好地激发、释放潜能。

(3) 自我超越

自我超越，就是战胜自己，必须比自己的过去更新。别人想不到，我要想到；别人不敢想，我敢想；别人不敢做，我来做；别人认为做不到，我一定要做到。潜能的力量，是巨大的！人的潜能也遵循着“马太效应”，越开发使用就越多越强。

(4) 习题和技术练习

此外，一些专家为开发人的潜能而专门设计的练习、题目、测验、训练，多做有益。另外，“潜意识理论与暗示技术”“自我形象理论与观想技术”“成功原则和光明技术”“情商理论与放松入静技术”等，也要多加练习。

(5) 坚持学习

学习是增加潜能基本储量及促使潜能发挥的最佳方法。知识丰富必然联想丰富，而智力水平正是取决于神经元之间信息连接的面和信息量。

我们每个人都有一个待开发的金矿，蕴藏量无穷，价值无比，但是由于没有进行各种训练开发，我们的力量没有能够得到很好的发挥。因此，在了解了自己的潜能之后，我们就必须积极去开发、挖掘自身潜能。只要

你有足够的信心和努力，那么你就能够将这种潜能发挥到极致。从而让不可思议的能量信息系统帮助你所向披靡、一往无前，收获难以预料的大成。

### 杨安谈潜能量

◆有生之年，要想最大限度地体现生命价值，就要尽可能在自己的潜能开发上做努力。

◆自己心灵宝藏丰富，等着你的开采，你却视而不见，而另寻矿藏的辛苦和那必然找不着的结果，人生又怎能不充满苦恼与不安?

◆所有的有大成就者无不是由于他实现了人类发掘自身美好潜能的梦想。

## 潜能量的 X 轴——意识

发现人类潜能无比巨大，这是 20 世纪最重大、最有价值的科学发现。大成学正是以科学的能理论为科学依据，以充分开发人的各种巨大潜能量为整个内核。人的潜能量主要蕴藏在意识之中，因此，意识就是潜能量的 X 轴。

现代科学认为，人的意识分为潜意识与显意识，两者性质各异，功能各异，各自都具有其独立性。任何一个人都同时拥有显意识与潜意识。使意识中的显意识与潜意识最佳地沟通、配合，是潜能开发最根本最重要的理论之一。

显意识一般指自觉的心理活动，而潜意识就是我们不知不觉，没有意识到的心理活动。两者相比，潜意识的能量远远大于显意识。被喻为发现心灵王国新大陆的哥伦意识有一个很有名的比喻——“海下冰山”。有的心理学甚至认为：潜意识占人的整个能量的 99.9%，显意识只占 0.1%。

心理学家特恩讲过一个案例：有位西班牙的大使，在同人交谈时，他的一位侍者总是在一旁侍候。后来这位侍者得了神经方面的病，侍者竟然对一些人大谈政治外交问题，还讲出了很多深刻的见解，这令大使大为吃惊，并深为自己埋没了人才而感到内疚，他决定以后任命这位侍者当秘书。可当这位侍者病好后，却对在病中所说的话一点都没有印象，再问他有关政治外交方面的问题，他竟一无所知。

这是为什么呢？很可能是因为这个侍者在大使与人交谈时，那些交谈的信息对他的大脑有弱刺激作用。这种弱刺激作用并未引起他的注意，他本人也自以为并未从这种所听所闻中获得什么信息，但实际上这些信息都已经储存在他的潜意识中了。当侍者生病时，显意识处于微弱状态，潜意识的能量就显露出来了。这说明，潜意识比显意识接收的信息多得多，因而“博学”的多，“高能”的多。

潜意识的巨大能量从催眠术上更得以充分证明。人在催眠状态下，能够表现出种种平时根本没有的惊人才能：催眠师暗示受术者是歌星，他（她）就如同歌星一样展开美妙的歌喉；暗示受术者是政治家，他（她）马上就能以伟人的姿态发表精彩的施政演说。前苏联著名科学家赖科夫做了大量的实验，可使从不会画画的人画出大画家列宾所画的那样的画；使不会弹琴的人像著名的提琴演奏家克赖斯勒那样演奏……有的科学家甚至宣称：“未来各种智力活动的学习和训练方法将建立在催眠术的基础上。”催眠之所以能够创造出种种奇迹，其奥秘就在于催眠是沟通潜意识的最好手段。在催眠状态下，人的显意识极度减弱，潜意识全面开放，从而能够充分提取、调动潜意识的能量。催眠产生的一切奇迹，实质上都是潜意识的威力的体现。

美国学者罗伯特·沃尔森在《异想天开——创造性思维的艺术》一书中写道：“天资平平者所从事的艺术创造和其他创造活动，主要依靠由意识思维指导的理性的选择和组合。这种方法或许可以产生某些优秀的作品，但绝不能产生伟大的作品。天才的创造力只能来自潜意识的心灵。普

通人要么忽视潜意识思维及其力量，要么根本不相信潜意识思维。而富有创造力的人总是重视潜意识思维，并予以充分的信任。”认为“天才的创造力只能来自潜意识的心灵”或许过分了一些，但是绝对可以说“天才的创造力主要来自潜意识的能量”。对任何一个人来说，潜意识都是一座巨大的智慧宝库。如果人人都能够掌握潜意识的奥妙，那么人人都能够成为天才，都能够产生伟大的作品，作出伟大的成就。

然而，我们通常主要开发的都是显意识。潜意识的能量不仅大得无边，而且没有被开发，是一片尚未开垦的广阔的处女地。既然潜意识的能量这么大，我们只讲“潜意识理论”就行，为何还讲“显意识理论”呢？这是因为，显意识有其独特的作用，是潜意识所不能取代的。潜意识没有时间感、地点感、是非感，它每天24小时都不停地活动，毫无选择地接收着外界送来的一切信息，它对这些信息一视同仁，来者不拒。正因为潜意识是非不分，好的坏的统统吸收，其中包括人的本能欲望、个人隐秘、爱恨情仇以及许多不为社会准则所接受的内容。显意识则是理智的、逻辑的，它是统帅，是舵手，是方向盘。如果让潜意识发起暴动，逼得显意识退位，由潜意识来当统帅，就要出大乱子。因为潜意识既可以是正能量又可以是负能量，既可以干好事又可以干坏事，单纯依靠潜意识万万不行。

如果把显意识比作帅，那么潜意识就是兵。帅只有一个，兵却有千千万万。能量对比，显然是潜意识能量大。但是，倘若千千万万的兵失去了统帅的指挥，就会横冲直撞，肆意妄为。因此，潜意识与显意识必须相互沟通和配合。显意识应当当个好“领导”，学会跟“部下”——潜意识搞好关系。例如，显意识向潜意识下达指令后，要学会授权，退居幕后让潜意识尽情地活动、做功。等潜意识把成果搞好了，显意识就美美地享用成果。灵感、灵思、灵悟，都是通过这样一个过程而产生的。

正如朱光潜所说：“灵感是在潜意识中工作，在显意识中收获。”人生的整个创造过程都是显意识与潜意识高度配合、合作进行的过程。

显意识与潜意识合作得好，就会取得大成果、大收获；相反，显意识对潜意识极度压抑，相互敌视，潜意识的巨大能量就根本无法利用，只能白白闲置一旁。甚至当显意识对潜意识压抑得极端厉害时，就会导致潜意识的反抗，人类许多疾病就是这样产生的。往往是只要我们的显意识与潜意识平等对话，一沟通，一劝导，潜意识积存的负能释放了，病就会好了。

怎样让显意识和潜意识协调合作呢?

## 1. 要努力保持身心健康

这包括清新的空气、优美的风景和体质锻炼对大脑所产生的神秘作用。阿拉伯人说："安拉会在你跑步的时候紧紧地跟随着你。"这其中的意思是说，一个人在健康的时候，神才会给它力量。柏拉图认为："锻炼身体可以治愈一个人罪恶的灵魂。"

## 2. 要提升思考力和经验

我们的头脑就像一面镜子，必须每天都细心地擦拭，只有这样，它才能够反映出世间的万物，无论你把它带到世界的什么地方，都会受到人们真诚的喜爱。

## 3. 要有坚强的意志力

意志常常会在最危急的时刻给我们巨大的帮助。有着坚强意志的人就更接近自然的法则，更接近灵感的殿堂。就像你花费数月时间对某个疑问进行思考，却百思不得其解，但是经他们指点迷津，你立刻就会茅塞顿开、豁然开朗。

## 4. 要有静心和自省的宁静环境

人们在这个云谲波诡的世俗环境里艰难地挣扎着，身心备受煎熬，常

常会感到精疲力竭，那么就迫切需要有一个能够让疲惫的身心停泊和自省以进行积极调整的港湾。

总而言之，只要能整合潜意识和显意识的优势，让它们“各司其职”“各尽其责”，有效地合作，达到完美的“全意识运作”状态，每个人肯定都会使自己的潜能量倍增并身心快乐。

### 杨安谈潜能量

◆潜意识和显意识的和谐力无论运用在哪一方面都能产生神奇的效果。

◆总是把自己想象成失败者，这就足以使你不能成功；坚持把自己想象成胜利者，将带来无法估量的成功。

◆经常想象成功，就会形成成功者的精神状态、行为模式，从而获得成功。

## 潜能量的 Y 轴——情绪

在现实生活中，人们有时会感到高兴和喜悦，有时会感到悲伤和忧虑，有时会感到气悸和憎恶，有时会感到爱慕和钦佩，有时会感到孤独和恐惧等。这些都是人的情绪过程。情绪是极其复杂的心理现象，它有着独特的心理过程。

情绪是人对客观事物是否符合自身需要而产生的态度体验。情绪同认识活动一样，是人对客观现实的反应。情绪反映的是一种主客体的关系，是作为主体的人的需要和客观事物之间的关系。例如，长期遭受旱灾的地区降了一场大雨，这场雨显然符合人们的主观需要，人们会对之采取肯定的态度，产生满意、愉快等内心体验；相反，已经遭受洪涝灾害的地区仍然降雨不止，造成更大的损失，降雨显然违背了人们的主观需要，人们对之持否定的态度，产生不满、愤怒甚至憎恶等内心体验。情绪以主观态度体验的方式来反映客观对象并伴随有身体的行为表现和生理变化。

从某种程度上可以说，人生中的奔波劳碌、竞争搏击、发明创新，无不都是为了求得一份好情绪。从激发人的潜能量来说，好情绪就更为可贵了。因为，它们能让生活的神韵与智能思维奔腾流动，张扬大脑的想象能力，使想象可以天马行空，充满着诗情画意。好心情还是大脑的清洁剂，它使心灵净化，杂念尽除，保持思维的纯洁，这会使流入大脑的氧气与营养物质得到最充分而有效的利用，对保持脑力、发挥潜能有莫大的助益。

相反，消极情绪则严重地威胁着人们的健康，许多疾病的引起与恶化，都与情绪有关。例如，卫生部门在对癌症的普查中，发现心理因素与癌症的发病有着密切的关系。在食道癌患者中，山西统计 56.5% 的人病前有忧虑、急躁的消极情绪状态；河北统计病人性情急躁者占 69%；山东统计病人倔强暴躁者占 64.7%。我国医务工作者还发现，子宫颈癌往往是由精神紧张、内分泌失调、子宫颈慢性创伤和感染而引起的。国外有的学者曾调查 250 多位癌症病人，发现有 156 人在病前受到过强烈的精神刺激。

研究发现，严重的精神创伤、严重的心理矛盾、长期压抑、不满情绪和过度忧郁以及有不安全感的人，是容易患癌症的。消极情绪既可以致病，也可以加速病人的死亡。可见，不良情绪的危害之大实在难以想象，对此应引起足够的重视并保持快乐的好情绪，以持续不断地激发自己的潜能。好情绪主要有如下几种。

一是爱与温情。如果有人对你大发脾气，你只要始终对他施以诚恳的爱心及温情，很快就会使他改变当初的情绪。

二是感恩。感恩也是爱的一种表达方式。如果我们常存感恩之心，人生中的积极情绪就会长盛不衰。

三是好奇心。好奇是一种伟大的力量。如果在生活中多带些好奇心，你就会发现，生活中处处都有奥妙之处，随之而来的，就是永无止境的学习和探索将陪伴你的整个人生。这样，积极情绪也就越来越高涨。

四是振奋与热情。如果在平时不论做任何事情都能带着振奋与热情，

那么，即使最平常、最单调的事情，也会变得多彩多姿，你的心中将会把遇到的每一个困难化为一次机会。这样，负面情绪就会荡然无存。

五是毅力。毅力能决定我们在面对困难、失败、诱惑时的态度，是倒下去，还是屹立不动。它是积极情绪的支柱，有了它，负面情绪就不会沉落心底。

六是弹性。在人的一生中，都会遇到诸多无法控制的事情，但只要你的想法和行动能保持弹性，生活就会永远充满阳光，负面情绪当然就不会滋生。

七是信心。在生活中，只要你在心里建立了“有信心”的信念，并在行动中逐步培养它，你就可以真正获得信心。到那时，成功会向你走来，积极情绪也就不会离你而去。

八是快乐。人的快乐有两种：一种是内心的快乐，它能给人生带来希望，给周围的人带来同样的快乐；另一种是脸上的快乐，它具有消除害怕、生气、挫折、难过、失望、沮丧、懊悔及一切不中意的地方的功能。

当你遇到什么不幸时，即使心里有苦处，也要在脸上表现出快乐，这样就不会有太多的行动信号引起你的负面情绪。而一旦你学会了如何保持快乐的心情，就有可能会改变你生活中的许多事情。

九是活力。人有活力才能应付生活中的各种问题，也才能控制生活里的各种情绪。因此，保持充沛的精力就是重要的前提，这可以通过坚持工作中的劳逸结合、保证充足的睡眠、锻炼身体等方法解决。

很多时候，成功就在一念之间，而“一念”却来自于你长期的自我情绪调节。把情绪带到阳光下，你就能发挥无限的潜能，走上人生的康庄大道；相反，把情绪带到阴暗潮湿的环境中，你只会越来越消极。所以情绪的控制很重要，只有把情绪控制在一个好的范围内才能激发你无限的潜能，帮助你获得成功。

### 1. 逐渐控制不良情绪

人的情绪是性格的特征指标之一，它对性格的形成和转化有着引导作用。比如，一个脾气暴躁的人是不可能担负起领导的重任的，他可以试着通过培养安定情绪、淡泊心态入手，让自己达到心平气和的心境，从而促使暴躁性格得到优化；经常暗自神伤、自怨自艾的“林妹妹情绪”显然不适合当代职场，她所需要的就是积极情绪的鼓励与支持，渐渐优化不良情绪，使自己良好性格的优化过程顺利进行。

### 2. 从培养习惯到优化情绪

这是一个比较复杂的优化过程，它需要个体针对自己的情绪缺陷来有意识地进行锻炼、培养，通过熟练掌握控制情绪的方法来克服和改变容易受到负面情绪干扰的弱点，达到“取其精华，去其糟粕”的效果。如果你在生活中容易产生愤怒情绪，经常让自己陷入歇斯底里或内心小宇宙熊熊“燃烧”的状态，你就要学会“息怒”二字，用科学衡量和理性分析对未来进行引导，达到调节情绪而促成最终成功的目的。

### 3. 加强自我修养

调节情绪的过程中，自我修养有着举足轻重的作用，一个人自我修养的不断提升和强化，实际上就是情绪优化的实质所在。如果一个人能够在工作和生活的过程中注重提升自身修养，用持久不懈的努力来进行自我分析、自我控制、自我监督、自我完善，抑制不良欲望，加强自身修养，必然激发自我潜能，为改善情绪的能力画上浓墨重彩的一笔。

居里夫人说过：“我并非就是一个性格温和的人。许多像我一样敏感的人甚至受到一言半语的呵责便会过分的懊恼。我现在所拥有的情绪状态是通过环境潜移默化地影响以及自己不断完善所形成的。”正如居里夫人所说，如果我们想要充分发挥潜能，不受到负面情绪的干扰，那么就要不断改善情绪中的消极因素，通过强而有力的掌控情绪就是潜能量的 Y 轴——情绪来发掘内在的宝藏，将你身上闪闪发光的金子呈现在众人面前。

### 杨安谈潜能量

◆如果学不会把糟糕的情绪转化为积极的情绪，那么成功也一样遥遥无期。

◆情绪的健康是心理健康的根本标志，也是我们获得成功的重要基础。

◆保持积极的情绪是人制胜的法宝。

## 潜能量的 Z 轴——心态

安东尼·罗宾指出：人生是好是坏，不是由命运决定的，而是由心态决定的，我们有时用积极的心态对待事情，有时则用消极心态。积极的心态能够激发潜能，消极的心态可能抑制潜能。心态是潜能量的 Z 轴。

心态是指人的神经系统对客观事物作用结果的反应。这种反应对人的行为刺激可能是进取的、有为的，也可能是颓丧的、压抑的。强烈的心态效果可上升为一种理念，一种持之以恒的信心。这种心态可表述为达到某种目的所持有的心境及采取的姿态。即使时光流逝，遇到困难挫折，心灵遭受创伤，仍能保持相对稳定的状态，要达到这种境界，必须以良好、清洁、有利的信息不断充实自己的心灵，才可保持如初的心态。

人生所追求的，都与心态有连带关系。你想要爱情吗？于是，渴望爱情就是一种心态。其他如自信、受人尊敬等，也都是从我们内心产生的感觉和状态。主观感觉状态的不同，反映追求的目的也不同。比如你想有钱，其实你根本就不在乎金钱的多少，关心的是金钱所带来的物质享受、爱情、自信和无拘无束，等等。而对物质享受、爱情的追求方式与内容，人与人之间是有差别的，也是可以改变的。

什么原因促成心态形成和变化呢？要从心态构成因素说起。心态有两个构成因素，第一是内心储忆；第二就是人的心理状态。

每天在你的身边都会发生很多事情，而对你关系较大的事情刺激的结果，就会形成某种心态。例如，当你还在成长时期。在父母身边的时候，只要爸爸一迟归，妈妈就必然担忧，总怕出现各种不测，其长期作用影响的结果，使你也以担心的方式来看许多事情。如果你妈妈告诉你，她是如何地不信任你爸爸，你就会学着你妈妈的方式，产生怀疑和愤怒的心态。

另一个影响我们对事物看法的更重要、更有力的因素，就是我们生理的状况和活动方式。例如，当你的爱人和小孩快到家之前，若你的心理处于舒适状态，这时他们回来晚了，你会认为他们是被交通耽误了；若你因为紧张、疲乏、疼痛等原因产生生理异常时，你可能倾向于用负面想法看待他们晚归了。

内心储忆和生理状态不断交互影响，促成心态变化为积极或消极，从而使你做出各种不同的行为。

积极心态的特点就是信心、希望、诚实和爱心；消极心态的特点就是悲观、失望、自卑和欺骗。

积极的心态能激发潜能、获取财富、取得成功、得到愉悦和健康；消极的心态使人终生陷于谷底、处处碰壁、事事不顺心，精神处于瘫痪状态。

以积极的心态看待周围出现的消极情况，可以调动主客观一切积极因素，促成消极环境向积极方面转化，它可以将人提升到更高的精神境界，进入生龙活虎的竞技状态。相反，心态消极，使人看不到希望，激发不出潜能，甚至使人丧失信心，泯灭希望。消极心态就像一剂慢性毒药，吃了这剂药的人会慢慢地变得意志消沉，失去任何前进的动力。

有一首诗对这种理念有这样的描述：如果你认为被击败了，那你必定被击败；如果你认为不敢，那你必然不敢；如果你想胜利，但你认为你不可能获胜，那你就不可能得到胜利；如果你认为你会失败，那你就已经失败。

追求“美国梦”的黑人将军柯林·鲍威尔在他的畅销书《美国之路》中，列举了30条他严格恪守的生活准则，其中有不少体现了乐观主义的基本价值。包括：千万不要把事情想象得那么糟；也许明天早晨它就会有转机；这事儿能做！不要让任何不利的事实来妨碍你做出一个好的决定；不要向自己的恐惧退让，也不要轻易向对手妥协；永远的积极心态，是力量的加倍器。

拥有像鲍威尔这样的积极心态者，总是相信权力和控制出自他们自身。无论你自身条件如何恶劣，只要你拥有积极的人生观和乐观的心态，你就可能达到成功的彼岸；反之，无论你自身条件如何优秀、机会如何千载难逢，若你自身没有乐观积极的心态，你的失败是必然的。炼成积极的心态可以从以下方面努力：

### 1. 要有积极的信念

对潜能的强烈信念，是世上最强大的力量之一，不论情况多恶劣，障碍多难逾越，你的信念会告诉你，其中必有解决的办法。在人生中，必须有信念的引导，它帮助你看到目标，鼓舞你去追求，创造你想要的人生。

### 2. 经常进行积极的自我对话

自我对话是一种自我催眠、自我暗示。你应该不断地告诉自己：“我是一个积极的人”，“我要成功”，“我已经开发出巨大潜能”。通过这样的自我对话，不断激励自己，告诫自己不要放弃，要不断地进取。积极的自我对话，能够让你产生力量，让你在面临恐惧、失败、拒绝的时候，依然能够前行。

### 3. 拥有积极的想象

我们需要用积极的想象去推动自己的行动。例如，当你达到设定的目标之后，你会如何呢？事业成功以后呢？自己想拥有怎样辉煌的人生呢？试着去想象，细节越生动、越具体越好。

### 4. 交积极的朋友

每个人都有很多朋友，但是著名的美国兰德公司得出一个可怕的结论：90%失败的人是因为其周围有90%的人是消极的。

很多人听到这一结论都不理解为什么。每天和他们交往会很开心，为什么会导致失败呢？因为他们的抱怨、牢骚、消极的思想最后会埋没你的战斗力，让你的人生走向负面。如果你每天都与积极的奋斗者、成功者在一起，总有一天你会发现，成功原来如此简单。

美国著名心理学家威廉·詹姆斯教授指出："我们这个时代最伟大的发现就是：人类可以通过改变他们的心态来改变他们的生活。"积极心态是一种超级神奇的力量，能够唤醒人的潜在能量，将他提升到更高的境界。因此，当你通过有意识地将有益于成功的积极思想和态度，撒到潜意识的土壤里后，全力拼搏，你就一定能发挥潜能，走向成功之路。

### 杨安谈潜能量

◆积极心态是个体情绪状态良好且稳定的保证。

◆积极心态能够激发出所有的聪明才智；而消极心态，就像蛛网缠住昆虫的翅膀、脚足一样，束缚我们才华的光辉。

◆若要控制并引导我们的行为，就得先控制和引导自己的心态。

## 潜能量的T轴——行为

行为是具有精神的物体的行动能力。唯有行为，也只有行为，才能把

美好的蓝图实现，把美好的梦想成真。俗话说：良好的开始是成功的一半。那什么是良好的开始呢？行为！行为是一种习惯，是一种做事的态度，是潜能量的 T 轴，也是每一个开发潜能量的成功者共有的特质。没有行为就没有成功！

拿破仑说：“想得好是聪明，计划得好更聪明，做得好是最聪明又最好。”如果每天都想着做什么，而不付诸实际行动，那只能是空想，永远也不会成功。“一等二靠三落空，一想二干三成功。”成功就是由一个个行为的阶梯组成的，只有登上一个个行为的阶梯才能最终取得成功。

世界上牵引力最大的火车头停在铁轨上时，为了防滑，只需在它的 8 个驱动轮前塞一块一英寸见方的木块，这个庞然大物就动弹不得。然而，一旦这个火车头开始启动，这小小的木块就挡不住它了。当它的时速达到 100 英里时，一堵 5 米厚的钢筋混凝土墙都能被它轻而易举地撞穿。

从一块小木板到一堵钢筋混凝土墙，火车头的威力竟有天壤之别！其中原因是：它行动起来了，这就是行为的力量！其实，我们做事何尝不是如此呢！如果我们只是空想，就像停在铁轨上的火车头一样，就连一块小木块也无法推开。

只要你肯付诸行动，许多的不可能都会成为可能。如果没有行为，你就不会有真正的成功。只有把思考力转化成行为力才是现实力量的真正开始，行动才是成功的真正起步。一旦行为成为你的习惯，它就成为无法阻挡的惯性，直奔成功。

我们越研究越了解，人可以分成两种类型：能成功的人属于积极的，我们把他称为“积极行动者”；而那些不能成功的人是消极的，我们把他称为“消极行动者”。积极行动者是实行家，他们发起行动来成就事情，把自己的构想计划付诸实行。消极行动者则是不实行派，他们往往找各种借口，一直拖延到来不及为止，一点也不积极地采取行动。这两种类型的人的差异可在许多小事情上看出来。

积极行动者如果有目标和计划，就能很快付诸实行，但消极行动者如果也有这种计划，他们往往会一直拖延着。

其实这两种人不只在小事上有差异，在大事上也全然不同。积极行动者如果想要独立做生意，很快就会实现，而消极行动者虽然是这么想，但在实行之前，往往会因“不要做这个比较好”等借口，而不愿开始行动。

积极行动者和消极行动者的差异，可以在所有行动上表现出来，积极行动者，想做什么可以马上实践，结果往往获得许多副产品，如信赖、安定的心情、自信，以及收入的增加等。但是，消极行动者却没有什么行动，他们常只会空想，眼睁睁地让时光溜走。他们在开始行动之前，就会说：“要等到所有事情有百分之百的把握，可以顺利进行时”，也就是要等待时机，以求尽善尽美……但是我们要做的事，谁能有百分之百的把握？因此，这些借口往往使他们“永远在等待”，而一事无成。

生活中的很多地方都有惯性，行动也是这样。你一旦把什么事情拖延了，那你就总会拖延，但你一旦开始行动，通常就会一直做到底，行动就是凡事成功的一半，没有行动，再美好的梦想、再周密的计划都不可能实现。

在四川的偏远地区有两个和尚，其中一个贫穷，一个富有。

一天，穷和尚对富和尚说：“我想到南海去，你看怎么样？”

富和尚说：“你凭借什么呢？”

穷和尚说：“我有一个水瓶、一个饭钵就足够了。”

富和尚说：“我多年来就想买船沿着长江而下，现在还没做到呢，你就凭这些去？”

第二年，穷和尚从南海归来，把去南海的事告诉富和尚，富和尚深感惭愧。

穷和尚与富和尚的故事说明一个简单的道理：光说不动是达不到目的的，行动是成功的保证，只有付出行动才会产出结果。无论什么人，若想开发潜能、收获成功，就一定要提高主动行为的能力。

要提高主动行为的能力，我们必须明确以下5个问题，分析透彻后付诸行动。

### 1. 提高自觉行为能力的5问题

①为什么还没有采取行动？

②行动有什么好处？

③持续不行动有什么坏处？

④现在就行动会得到什么好处？

⑤什么时候开始行动？

### 2. 果断自信，下定决心

希尔顿饭店的创始人康德拉·希尔顿在还穷困潦倒到必须睡在公园的长板凳上时，就有强烈的预感——自己日后会成功。因为他知道，一旦一个人下定决心要功成名就时，就表示他已经向成功迈出了第一步。可见，具有坚定的自信心和下定行动的决心，才能促成果断坚决的行动。

### 3. 积极思考，周密计划

行动源于思考，思考能够产生行动目标，而目标是行动的方向。严谨的计划保证行动朝着正确的方向前进。积极地思考并制订周密的计划，能够让人以积极的态度去规划工作，使工作从一开始就具有条理性，从而有利于进行有效的行动。

### 4. 持续专注

歌德曾有句名言：“一个人不能同时骑两匹马，必须骑上这匹，就要丢掉那匹。聪明人会把凡是分散精力的要求置之度外，只专心致志地去学一门——学一门就要把它学好。”“持续专注”，就是把行动力坚持和专心在主要目标和主要行动上，这包括对于主要的目标专心致志，以及对于次要的、不必要的行动目标和事物果断地放弃。

### 5. 立即行动，拒绝拖延

美国哈佛大学人才学家哈里克的调查显示，世界上有93%的人都因为拖延、不能下定决心做事，因此错过了大好的机会，与成功擦肩而过。拖延还能够消磨人的意志，挫伤人的积极性，纵容惰性，甚至会改变人的性格。

因此，不要犹豫和等待，要立即采取行动。没有任何工作会因为回避而自动消失，没有任何烦恼会因为不去想而烟消云散。只有行动起来才会知道计划是否完善，才会不断完善和修正计划。

### 6. 坚持最后五分钟

胜利存在于每次都要“坚持最后五分钟”，行百里者半九十。在选好目标和行动方向之后，剩下的事情就只有坚定不移地向目标前进。如古代哲学家荀况所说：“骐骥一跃，不能十步；驽马十驾，功在不舍；锲而舍之，朽木不折；锲而不舍，金石可镂。”而黎明前的一刻，则往往是最黑暗，也最阴冷的时刻，这个世界上有很多人的失败，就是因为倒在了胜利马上就要到来之际。其原因：意志不够坚定，毅力不够强，对原本认同的正确判断产生怀疑等。所以，有句俗话说得好：坚持就是胜利。

其实，行为像一把利剑，挑去了羁绊，架起了梦想到现实的桥梁。行为就是成功的阶梯，只有行为才能让梦想绽放，获得成功，产生效益，走向成功！一次实践胜过一百种理论，一个行为胜过一千种空想。坐而思不如起而行！我们只有加强自己的行为力，迅速有效地执行，才能让行为转化为胜利的果实。

### 杨安谈潜能量

◆行为虽来源于思考，但只有行为，思考才会有成效。

◆凡事拖延，这是人生最昂贵的代价之一。

◆命运在己不在人，只有积极行动才能拥有掌控自己人生的权利。

## 四度和谐，才能真正焕发出潜能威力

智慧、勇气、坚强、和谐和成功都是潜能量开发的结果。每一种贫乏、受限制或不利的境况皆因潜能量开发不足所致。

如前所述，潜能量的X轴：意识；潜能量的Y轴：情绪；潜能量的Z轴：心态；潜能量的T轴：行为，都是潜能开发的必不可少的元素。如果仅仅得其中之一轴的要领是有失偏颇，不足以激发潜能威力的。因为人是一个有机整体，意识、情绪、心态、行为都是构成这个有机整体的基本组织架构。正所谓“孤阴不生，独阳不长”，任何一方面的匮乏都会制约其他三方面的发展。就好像一首美妙的轻音乐里面的尖锐、刺耳的音符，使整首乐曲都面临困境。只有四度的和谐统一，才能真正地焕发出潜能的威力。

你知道从非洲走到美国有多难吗？一个十六岁的男孩做到了。他叫黎格逊·凯伊拉，住在非洲国家马拉维北部的一个小村落里。有一天，当他看了《林肯传》之后，深受感动，他与妈妈商量：“我想走到美国去上大学，您会让我去吗?”

稍微有点常识的人，可能都会觉得这个孩子疯了。不过他妈妈并不知道美国在哪里，所以她几乎是不假思索地说：“你可以去，什么时候动身呢?”

黎格逊·凯伊拉知道从非洲走到美国，有无数的崇山峻岭，更要渡过江河湖海。然而或者是他从小就是一个自信的孩子，在他的潜意识里，他觉得他能行。潜意识赋予了他敢想也敢做的勇气，于是他很冷静地说："我明天就出发。"

第二天，他带着妈妈准备的玉米饼就出发了。

他从一个村子出发，到下一个村子休息，用工作的方式解决吃住问题。虽然路上遇到了很多困难，但是他的情绪始终是良好的——那是他的梦想之地，是他真正想要做的事。所以，他的心态一直很积极。就这样，意识、情绪、心态激发了他超强的行动力，使他克服种种困难继续前行。

他穿过了乌干达，找到了喀土穆当地的美国领事馆，他得到了热心的美国领事的帮助。

几个月之后，在史卡吉特谷学院的大力帮助下，凯伊拉穿着平生第一套学生装和第一双鞋子，如愿以偿地走进了学院的大门。

凯伊拉说："当上帝把一个看似不可能实现的梦想放在我们心中的时候，就已经是对我们的莫大关爱了。我们要牢牢记住，在任何艰难险阻面前，都没有气馁的理由。如果气馁了，就要鞭策自己，马上振作起来。只要我们唤醒了自己心中的巨人，就会拥有激情、勇气和力量，就会义无反顾地向前、向前、再向前。"

只要你有积极的意识、情绪、心态、行为，你就能四度和谐，最大限度地开发出潜能。于是，在这个世界上，你没有登不到顶的山，没有渡不过去的河，没有走不到的路，也没有看不到的岸。反之，如果四度无法和谐，那么即使有其中之一，也会使人生陷入灰暗无光的角落。

你如果研究中国古代文人的生活道路，就会发现：很多文人之所以早夭，之所以自杀，其原因往往正是与意识、情绪、心态、行为的四度不和谐有关。

汉文帝时，因写《过秦论》而官至太中大夫的贾谊，就因为皇帝不用他，大臣们排挤他，政治上郁郁不得志，精神长期苦闷压抑到了极点，结果年仅三十三岁便忧愤而死。唐朝号称"诗鬼"的李贺，二十六岁便长辞

人世，其短暂一生也是在长期生病的感伤和凄惶情绪中度过的。他写的“日夕著书罢，惊霜落素丝”“壮年抱羁恨，梦泣生白头”“咽咽学楚吟，病骨伤幽素。秋姿白发生，长叶啼风雨”等诗句，都很容易让人看到他悲观抑郁、身心交瘁的影子。还有沉江自尽的楚国三闾大夫屈原，也是在长期“信而见疑，忠而被谤”，心情压抑而不得上达，被蒙蔽而莫能表白，满腔沉郁失意，苦闷绝望到了极点而自杀的。这就很形象地说明：四度长期无法平衡和谐，对人的潜能开发以及生命、健康都是极为有害的。

较之于古人，现代人活得更累。由于成长的艰辛，奋斗的不易，人际关系的复杂，生存环境的严峻，现代人常常感到苦闷、忧郁、孤独、压抑、烦躁。在这种情况下，要想真正焕发潜能的威力实现目标，要想快乐地生活，就必须学会让四度和谐。

所谓只有仄没有平，写不出好诗；只有高音没有低音，谱不出好曲子。在人生之旅中，也应主张文武之道，一张一弛，坐累了就起来走走，走累了便停下来坐坐。唯有在始终和谐的状态中，人才可能俯仰自得，享受人生的乐趣，成就人生的意义。

在这一点上，古人仍然是我们的老师。北宋大文豪苏东坡，就其仕宦之路来讲，其艰辛坎坷绝不亚于贾谊和屈原，但读他的诗文却没有贾谊、屈原那么多悲苦。譬如第一次贬官在黄州，他写诗“我本无家更安住，故乡无此好湖山”；第二次被贬惠州，他则是“日啖荔枝三百颗，不辞长作岭南人”；第三次贬到了海南，他仍说：“九死蛮荒吾不恨，兹游奇绝冠平生。”其善于和谐四度的境界委实让人叹服。

在心理学中，和谐四度有许多具体方法，可有针对性地采用。下面列举出一些典型方法。

## 1. 遗忘不快法

心理学研究表明：人的心理承受能力是有限度的，面临的冲突事件过多时，就会烦躁、焦虑和紧张。忘却那些琐碎事，就能使自己的身心获得宽慰；忘掉心中的不快，就能把自己从痛苦中解脱出来，激发出新的力量。因此，要学会有意识地忘记。

### 2. 自我解嘲法

所谓自嘲法，就是当遇到令自己尴尬或难堪的场合或突发事件时，不要逃之夭夭，也不要手足无措，更不要埋怨他人，要自我解嘲，缓和气氛，避免冲突。自我解嘲法是一种自我调侃、自我贬抑的方法。

### 3. 聊天转移法

研究发现，找个人聊聊天，具有心理调节的功能。闲聊可以缓解紧张、消除隔膜，能使处于困境中的人很快平静下来，能营造被劝说者良好的心理状态，从而有利于劝说的顺利进行。闲聊还可以表达礼节与温情；还能化解怨气、发泄怒火；也可以躲避碰撞、防备责问。

### 4. 自我激励

要走出四度不和谐，最好的办法是给自己一个激励，即给自己确立一个追求的目标，并付诸行动。采用激励法时，首先，目标要确立得适宜，既不能太高又不能太低：太高的目标会使心灵受挫折而变得垂头丧气；太低了不费吹灰之力就可以实现，不能给内心带来喜悦。其次，要选择对社会有价值而且必须依靠自己的努力来实现的目标。

### 5. 知足常乐

有时候荣与辱、升与降、得与失，是不以个人意志为转移的。精神上尽

力提升，物质上淡泊名利，生活中宠辱不惊，才能做到四度平衡而和谐。

### 6. 暂离困境

在现实中，受到挫折时，应该暂时将烦恼放下，去做喜欢做的事，如运动、打球、读书、欣赏音乐等，待心情平静后，再重新面对自己的难题，思考解决的办法。

### 7. 帮助别人做事

“助人为乐是做人之本”，帮助别人不仅可以使自己忘却烦恼，可以表现自己存在的价值，更可以获得珍贵的友谊和快乐。

当你在生活的重担下感到意识、情绪、心态、行为的不和谐时；当你在感情的失意中感到意识、情绪、心态、行为的波动时；当你在困难的阻碍中感到意识、情绪、心态、行为不安时，不要让自己一味沉浸在消极状态中，好好运用这些不同的方式去寻找意识、情绪、心态、行为的和谐吧，你会看到潜能的威力，你将很容易地就能发现，原来想要成就智慧、伟大、卓越的我，竟是如此简单与快速！

### 杨安谈潜能量

◆决定大成或是失败的因素是四度的和谐与否，四度和谐的差异导致人生惊人的差异。

◆四度和谐能让人在忙碌时清晰和镇定，在紧张时从容和淡定，在烦恼时释怀和放下，在愤怒时冷静、妥善地化解矛盾，在疲惫时更有信心和力量创造未来。

◆四度和谐是智慧之种、美德之基、成就之根、幸福之地，能善万象，圆万事。

# 第三章

# 连接能量，开启时空合一的能量四度空间

心灵是人生最宝贵的财富，是快乐与幸福的源泉。当我们打开心灵时就能够与宇宙能量无障碍连接，用它的阳光来照耀，用它的春光来温暖，使心灵一年四季春常在，开启时空合一的能量四度空间，温暖、照亮我们的人生。

## 宇宙能量遍及宇宙，无处不在

量子物理学证明：一切都是能量，人类当然也是。从一花一草到一沙一树；从清晨起床维持你一天工作的能量到驱动汽车的能量等，当量子物理学家把它们分解到原子核时，它们则是由同一种能量组成的，这也就是宇宙能量，它遍及宇宙，无处不在。

世界上存在的所有物质，不论是自然界的物品、声音、颜色、大气、星星、思想、感情、你的身体、你的电脑、你的宠物等，它们都是依靠宇宙的能量而存在的。

换言之，宇宙的任何物质都可以分解到最简单的形式，然后用精密的科学仪器和工具分析，得到的结果都是一种振动频率的能量。这种能量吸引着与它和谐共振的频率，形成我们能够感知到的物质，最终实体化我们整个物理世界。

无论你有何种身份，做什么事情，你都在不知不觉地使用宇宙能量。如果你强烈渴望拥有某样东西，或是产生了某个愿望，宇宙就会回应这一振动频率，使得你能够吸引来实现愿望、获得丰硕回报的能量。这就是宇宙能量的吸引力法则。从原子、核子到人类社会都体现了宇宙能量的吸引力法则，都是同类事物之间相互吸引的结果。

宇宙能量无处不在，因此，其吸引力法则也无处不在。它能对你现在的欲望即正在发出的心灵感应进行反应。在这一瞬间，它通过给予你更多相同的反馈而与你的心灵感应相呼应——不论是积极的，还是消极的。

当一个人早晨起来的时候，他感到心情有些烦躁，这个时候他就发出了消极的心理感应，而当他发出这种消极的心灵感应的时候，吸引力法则就开始起作用了。它与人们发出的心灵感应相呼应，并及时给予发出这种心灵感应的人更多相同的反馈。于是，当他起床时，他会手忙脚乱，身体也会不舒服。如果上班路上错过公交车或者遇到堵车，他更会觉得自己倒霉了。

再比如，一位房地产业务员因为售出几套房子而兴高采烈，这时候他发出的是一种积极的心灵感应。在这之后不久，他又获得了一笔销售额，他会对自己说："这段日子真是太顺心了！"

在上面这两个例子中，宇宙能量的吸引力法则都发挥了作用，它通过展现、处理人们的愿望，以反馈给同样的感应——不管是消极的还是积极的。就像美国著名新思想运动创始人之一、成功学作家华莱士·沃特尔斯所说，吸引力法则是一种宇宙能量法则。它是客观的，没有好坏之分，它只是接收你的思想，然后以生命体验的方式，把这些思想回放给你。假若你以积极的姿态行走在人世，那么，你将品尝到"心想事成"的甜蜜，否则，品尝到的只是苦涩。

是的，相同的境遇，想法各有不同，但是随着时间的推移，思维方式的差别，将使命运产生巨大的反差。人生就是如此简单。你拥有怎样的思维方式，也就选择了怎样的人生。

如果你接触过当代那些杰出的成功人士，你会觉得他们身上有种神秘的力量，一直吸引着你，让你无法抗拒，让你不由自主地认可他们的计划和主张。这就是宇宙能量的吸引力的显现。他们有着坚强的意志力、强烈

的成功愿望，他们的这种愿望能够影响到他们所接触的每一个人。

如果你愿意，你也可以拥有同样的吸引力，将你热切渴望的事物、环境或人聚合到一起，如同能量法则将原子和其他构成物质的微粒吸引过来一样。只要你具有强烈的愿望，帮你达成目标所需的人、事物或环境就都会渐渐被你吸引过来，你还能够和拥有同样目标的人共同努力，彼此相互吸引，一起攻克实现目标过程所遇到的种种问题和困难。你因愿望的能量而吸引到了达成目标的天时、地利、人和的能量，这就是宇宙能量的吸引力法则作用的结果。

宇宙能量无处不在，其吸引力法则也时刻运作着。人的大脑作为宇宙间最强大的“磁铁”，会发射出比任何东西都还要强的吸引力。大脑中的思想并不仅仅是人头脑中漂浮的淡淡云彩，而是可以测量的能量单元，是生化电冲动，是能量波，渗透在所有的时空中。所以，当你思想消极的时候，你就会吸引那些不太美好甚至丑恶、有害的能量；而当你向宇宙发出积极的呼唤，你也会把和你的思维振动频率相同的所有美好的能量都吸引过来。

显然，无论你现在身处怎样的环境，拥有怎样的条件，要想实现自己的目标，你都一定要学会运用吸引力法则，成为一个积极的思考者，用积极的行动与思想来吸引那些生命中美好的事物。坚持下去，你会发现，你会成为自己心中所想的那种人，也会拥有自己心里想的最多的事物。

## 杨安谈潜能量

◆把注意力集中在我们所“缺少的事物本身”，而不是“缺少的事实”，才能保持与愿望相同的振动频率，吸纳宇宙间幸运的能量，让自己梦想成真。

◆“同频共振，同质相吸”是宇宙能量吸引力法则的精髓。

◆所谓“物以类聚，人以群分”，讲的其实就是宇宙能量吸引力法则所产生的自然现象。

# 如何吸收宇宙能量的精、气、神

古人认为，天有三宝日月星，地有三宝水火风，人有三宝精气神。古人有“精脱者死”，“气脱者死”，“失神者亦死”的说法。所以“精气神”三者，是人体生命存亡的关键所在，只要精足、气充、神全，自然能够祛病延年，健康快乐。

在《灵枢·本藏篇》云：“人之血气精神者，所以养生而周於性命者也”（人体血气精神的相互为用，是奉养形体，它可以周遍全身维护生命，是保持生命的根本）。因为“精气神”对于人体这样重要，所以从古到今，人们对这三方面的调护、摄养极为重视，而最佳的调养莫过于从宇宙能量中吸引到精气神的能量。

我们已经知道，世上的万事万物无论有形无形都是由能量组合而成的，而能量就是一种振动频率，每样东西都有它不同的振动频率。振动频率相同的事物，会互相吸引并诱发共鸣。因此，要从宇宙能量中吸引到精气神，我们首先要让自己认识到精气神的力量，并持有吸引精气神的意愿。

“精”是构成人体的基本物质，分为“先天精”与“后天精”；其中，“先天精”来源于父母的遗传和孕育，“后天精”则来源于饮食呼吸等各种摄入，二者相互依存。由于生命活动不断地消耗“精”，故需要不断地从外部补充与内部滋生。

“气”是激发人体活力的特殊物质，对各种生理活动起着推动作用，以维持人体生命的基本功能。气和精同属构成生命活动的物质，二者互相滋生——精是气赖以存在的载体，没有精就没有气；气是精得以运行的动力，没有气精就不能发挥作用。

“神”是人体生命活动的外在表现，包括面色、眼神、言语、姿态等。古人说：“精满则气壮，气壮则神旺”——精和气是神的物质基础，只有精气充足，作为生命活动外在表现的神才可能旺盛。明代医学家张景岳说过："得神者昌，失神者亡"——神既是精气充裕与否的晴雨表，同时又受心理的支配，反过来影响精的正常消耗与气的正常运行。

生命基础起源于精，生命活动有赖于气，生命现象表现为神。精充、气足、神全是健康的保障，而精亏、气虚、神耗则是衰老的原因；三位一体，不可分离，存则俱存，亡则俱亡。要维护好人体这"三宝"，必须内外兼修，也就是通过建立健康的生活方式以增进肌体健康，并通过加强自身修养以提高心理素质，从而形成良性循环。

## 1. 吸引宇宙能量养神

均衡的膳食营养。营养是精的物质基础和前提，当然也是健康的前提。"祸从口出，病从口入"，吃得是否合理，直接关系到人们的身心健康水平。

①食物清洁卫生（应尽量去除残留农药和重金属污染）、不变质、非转基因，并且尽量选择当季、当地的食物。

②宜清淡、易消化，忌肥腻、油炸、辛辣、生冷，远离烟酒。

③荤素搭配，肉食与蔬菜的比例为3:7，也就是肉食占30%，蔬菜占70%。肉食尽量少吃烹饪呈现出红色的红肉类，如猪、牛、羊等哺乳动物。多选择白肉，如鱼、虾、鸡（走地鸡）、鹅等。蔬菜和水果应多吃，对于增强体质、延缓衰老、防治缺失精气神的慢性病的退变大有帮助。

④尽量减少人工调味品，限油少盐，清淡为佳。

⑤杜绝一切垃圾食品，不要吃零食和宵夜。

## 2. 吸引宇宙能量养气

"天然氧吧"这个词对我们来说并不陌生。天然氧吧是指天生的、自然存在的、不经人类加工的天然生态环境。"空气负离子、植物精气、空气中微生物含量”三项指标是衡量天然氧吧环境空气质量最重要的三个因子。就拿空气负离子这个指标来说，空气负离子具有广泛的生理生化效应和功能，被誉为空气中的维生素。它能够调节人体和动物的神经活动，提高人体免疫能力，提高大脑功能，调节人的情绪和行为，使人精力旺盛。

世界卫生组织规定：清新空气的负离子标准浓度为每立方厘米空气中不低于1000~1500个。天然氧吧的空气中不仅负离子含量高，植物精气和微生物含量也较高。

古语有云：“吸天地之灵气，纳日月之精华。”古人的智慧蕴涵着一定的科学道理。当你觉得能量不足或者气场微弱时，去郊外感应大自然，到森林中去或到绿树成荫的公园里，在那里给自己一些时间，呼吸清新的自然空气，沐浴一下阳光，放松一下精神，在天然环境中修身静气。同时也可以在自然的环境中做做运动，比如林中步行、做操、打太极拳、闭目养神、做深呼吸或者放声歌唱……充分感受森林中的气息和氛围，接受一下大自然的洗礼，体会“天人合一”的美妙感觉。这样的方式最能够直接吸引到宇宙能量，增强气场。当你再次返还都市丛林的时候，一定觉得身轻如燕，活力四射，你的气场马上就会清美起来！

### 3. 吸引宇宙能量养神

#### (1) 安心养神

排除干扰精神的杂念，安闲清静，真气顺畅，使精气内守。

#### (2) 闭目养神

双目微闭，不要想任何发生过抑或没有发生的事情，在一种完全放松的状态下，扫除各种干扰的因素，久而久之，就能够提高细胞和神经的活化功能，有益于缓解疲劳。

（3）休眠养神

休眠养神多指睡觉，休眠能够使大脑处于休息状态，同时使身体各部位尽量无负荷或少负荷，可起到积蓄精力的作用。生理医学研究指出：每天睡6～8个小时所积蓄的精力能够提供16～18个小时正常活动的耗费。

（4）忍气养神

生活中不免会发生这样或那样的烦恼事，这时就需要人们节制感情，要忍怒和宽容，这样做不但会避免激化矛盾，也是重要的保健之道。此外，要以心治神，随时调节不良情绪，切勿独思闷想或常常愤怒不息，否则会影响身心健康。

（5）情趣养神

根据自己的情趣爱好，参与感兴趣的健康活动，可以陶冶情操，使心情愉悦，气血调和，从而达到精神饱满的状态。

（6）糊涂养神

对于意义不大、价值不高的事情，不要做无原则地争执和较真，不为烦琐的事情操心，对鸡毛蒜皮的是非不计较；同时，不对还没有发生的危难的事情担忧，让脑筋和心情轻松下来。

（7）道德养神

儒家注重道德修养，以道德修养来培育人的精神。孟子更是提出了养“浩然之气”。陶渊明诗云：“结庐在人境，而无车马喧；问君何能尔，心远地自偏。”有一个良好的心态，即使生活在喧闹的环境中，也是如同在偏远清净之地。“神”是主宰。长寿的人，大多心胸开阔，心地善良，性情温和。现代的医学也证明了一个人的精神能够影响到身体健康。

老子说：“人法地，地法天，天法道，道法自然。”吸引宇宙能量的精气神就是调养自我的身心健康，使个体有形无形的能量频率与宇宙能量和合，而达到天人合一的境界。如此，你的身心潜能将会源源不断地得到开发，你也会获得无比强大的力量。

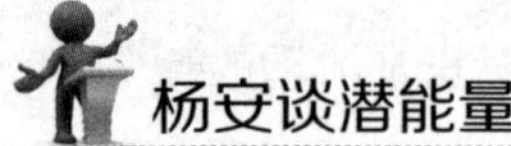

杨安谈潜能量

◆要想活得好，吸引宇宙能量的精气神少不了。

◆养好精气神，岁月也饶人。

◆精、气、神是人体的“吉祥三宝”。

## 人体能量被世间的红尘琐事吸收而耗损

世界上的事情常常是千变万化的，当我们去处理某些事情的时候，一定要分清孰重孰轻。要知道，虽然在现实的生活中，衣食住行、柴米油盐这些日常琐事构成了我们生活的基本需求，在很多时候，这些都非常重要。但是，如果我们要去做一件大事的时候，是一定不能被这些琐事所牵制、耽搁的，不然人体能量被世间的红尘琐事吸收而耗损，那就得不偿失了。

歌德说：“人身上原有许多愿望和向往，高贵的冲动和善良的激情，可是这一切都被日常生活中的琐屑事情破坏，被淹没在日常争吵的泥潭里了。”人生是短暂的，我们不应因生活中一些鸡毛蒜皮、微不足道的小事而耿耿于怀，为这些小事而浪费你的时间、耗费你的人体能量、伤害你的家人和朋友更是不值得的。所以放弃这些琐屑的事，不要让它们成为你的绊脚石。

生活中有太多不值得我们去计较的琐事。让自己放轻松，去面对生活中的一些琐事，心平气和地工作、学习、生活。只有在平和的气氛中，才能够享受生活的乐趣，太过计较，反而会让这些琐事扰乱我们的生活。

一个老头留了很长的胡须。可是有一天，一个人对他说：“老人家，你留这么长的胡须，晚上睡觉把它放在哪儿啊？是搁在被子外面还是被子里面？”老人家还真被这一问题问倒了，活了一辈子，他还真没注意过。晚上，他翻来覆去睡不着，因为他觉得把胡子放哪都不舒服。一会儿放外面，一会儿放里面，折腾了一晚上。第二天那个人再遇到老头，一看就说：“老人家，您昨晚一定没睡好。”老人家答道：“是啊。我以前到底是把胡须放哪儿睡觉的呢？”

看了这个故事你也许会笑话他们真是庸人自扰。但在生活中有很多人被这种类似的小事搞得灰头土脸、垂头丧气。想想你是不是经常为一点小事儿和周围的人弄得不愉快，你有没有埋怨孩子玩耍时把鞋子弄脏了，你有没有暗暗恼怒别人不经意的话语，你有没有因上班时公交车上有人不小心撞到自己却没有道歉而感觉不平……

事实上你不必投入精力去关注和改变这些琐事，只要顺其自然，放松心情，这样生活就会随之轻松。

下面的一小则故事会给人更多启迪：

有一位楚楚动人的淑女正准备享用一杯香浓的咖啡，餐桌上放满了咖啡壶、咖啡杯和糖罐，忽然一只苍蝇飞进了房间，嗡嗡作响直撞糖罐。顿时，这位淑女悠闲的心情全无，烦躁无比，起身就用各种工具追打苍蝇，于是碎瓦片、咖啡汁遍地皆是，但最后苍蝇还是悠哉游哉地从窗口飞走了。

我们也许能处理好意料之中的大挫折、大变故，因为我们已经有了足够的心理准备。但是，如果对突如其来的“小苍蝇”没有心理准备而导致人体能量被红尘琐事吸收而耗损，进而情绪恶化，那么最终只能影响自己的工作和生活。

在生活中，有许多人在为琐事抓狂，和别人闹翻脸，甚至是大动干戈，这样的事情每天都能在公共场合看到。一个常常小题大做的人，非常容易被情绪牵着鼻子走，整天纠缠于那些无谓的鸡虫之争，非但有失儒雅，而且会终日郁郁寡欢，神魂不定。试想让这些琐事吞噬了自己的心灵，人生还有什么愉悦呢？当“苍蝇”影响你的情绪时，你该如何对待？唯有对世事时时心平气和、宽容大度，才能处处和谐圆满。

正所谓“树欲静而风不止”。有很多人目标明确，但那个目标只是个存在脑海里的幻影，因为他一辈子都被琐事所累，无法脱离不重要的事情，以至于最后悲叹一声，都是那点儿琐事误了我，使我的能量被吸收而耗损啊！

其实，既然已经找到了要事，那么能否做到要事第一，这完全取决于你——你的思维、你的选择、你想不想去做，“除非我们愿意，否则谁也别想夺取我们选择的权利”。所以要取得“成事”的效果（成为要事第一的高效能人士），首先要在“想事—做事—成事”的第一个环节上多找原因、多下工夫。

下面我们还是分别具体针对典型事件来具体告诉大家如何摆脱红尘琐事吸收和耗损能量的打扰。

### 1. 不重要不紧急的事

比如无意义的上网、看电视等不需要费心劳力的活动。虽然轻松，却要下决心不去做，或者分阶段逐渐减少这类事的频次，知道放弃。

### 2. 紧急而不重要的事

比如不重要的电话、邮件、会议等，这些事情是别人认为你应该立即关注的事情，不需要你主动去找它，它是会主动找上门来的，关键就是如何说“NO”的问题。当你在处理一件重要事务的时候，请尽量不要接电话、邮件，当这件重要事情处理完成的时候再统一回复。

### 3. 紧急而重要的事

比如工作中的危机，期限临近的项目、报告、会议；比如身体得病；

比如与家人、同事的人际关系危机等。这些事情一旦发生，必须立即着手关注，否则将给你造成很坏的影响。一般而言，这些问题的发生往往是因为“预防、计划”工作做得不够，这就需要你列出具体的诸如锻炼身体的计划、改善家庭工作关系的行动措施来补救。

### 4. 重要而不紧急的事

比如预防和计划，这些工作最大的特点就是不紧急，它不会主动找上门来，而是你必须主动去找它，否则你将不可能真正摆脱能量被世间的红尘琐事吸收而耗损的困扰。

通过上述这些措施，我们就可以逐渐摆脱、放弃那些红尘琐事的吸收和耗损，把自己的精力集中于重要事情上。这样一来，就会避免琐事的打扰，成为要事第一的高效能量人士。

英国著名作家迪斯雷利曾经说过：“为小事生气的人，生命是短暂的。”人生一世，我们应该在有限的时间内尽力去做更有意义的事情，摆脱世间的红尘琐事对能量的吸收和耗损，这样的人生才是丰实的，才不会被虚度，人生的价值才能实现。

**杨安谈潜能量**

- ◆智者往往对无关紧要的琐事无动于衷，对重要事务却全力以赴。
- ◆太专注琐事通常会变得对大事无能。
- ◆分不清轻重缓急就会无谓地耗费自己有限的时间和感情。

## 无能量是你无法与宇宙能量对接

每个人都具备一切成功的条件，只是不少人认识不到自己的潜能、自己的价值，却被抱怨、执拗、逃避、怀疑等无能量状态占据了自己的思想，让自己始终在原地打转儿，无法与宇宙能量对接，甚至是每况愈下。

1. 无能量时所呈现出的特征

（1）愤世嫉俗

愤世嫉俗者常常对他人不信任和猜疑。科学家指出，他们怀有类似敌意的情绪，可能会增加罹患心脏病的概率。

（2）缺乏人生目标

一项对1200多名无痴呆症的中年人进行的持续多年的研究测试发现，那些在生活中表现出高要求的人，会减少一半的丧命可能。美国芝加哥拉什老年痴呆症中心的帕特里夏·博伊尔说道："拥有高目标的人能从他们的生活中获得更多的意义，而且更能沉浸在他们认为重要的事情中。"

（3）发愁

那些有高度神经质的人——常常忧虑和烦恼，易于沮丧，比那些没有高度神经质的人寿命更短。

（4）缺乏自制力

常迟到？不能保持桌面整洁？没有自制力？这些看起来没有危害的品质，可能使你的身体受到伤害。

一项对近9000人进行的20多项研究显示，那些勤勤恳恳、有条理、自律、不冲动的人，比其他人要多活2~4年。

（5）焦虑

研究者指出，焦虑会使你的大脑神经紧绷，相比高度疲惫不堪的人，

性情温和、外向的人患阿尔茨海默氏病以及其他病症的可能性会更小一些。

### （6）沮丧和相信厄运

沮丧、内向的人不仅在社交上会有损失，而且会对身体造成伤害。

无法与宇宙能量对接的无能量状态往往来自要根据周围的环境、他人的标准来改变自己的“我执”。他们这样做并不是为了自我的真心，而是为了满足他人的期待，迎合环境的需求。但在违心地改变的同时，“我执”亦有一个强烈的需求，那就是不准许其他的人或事来触碰我强大的自尊。比如，当他人质疑我们的决定、我们的劳动成果时，我们会感到愤怒；当我们遇到棘手的问题，为了避免有可能的失败，我们会选择逃避；当别人在哪方面比我们优秀，为了不想被证明我们比别人差，我们会无中生有甚至诋毁别人……总之，当“我执”掌控着我们的时候，我们就会无法与宇宙能量对接，而陷入无能量的深渊。

无法与宇宙能量对接的无能量状态对人生的危害极大，它会让人没有完整的人生观，或者对事情价值的判断缺乏基准，使人不能独立思考或者过于固执己见；让人优柔寡断或专横无理。反之，能够与宇宙能量对接的正能量状态，却会让人拥有大智慧，知道世界运作的原理，分清世界的黑白曲直，不会在人生的道路上跑偏，也不会随波逐流。

无法与宇宙能量对接的无能量状态会让人得过且过，永久地安于现状，没有信仰，也没有梦想，使人遇到挫折的第一反应和最终反应都是逃避，为了抵挡失败或者因为怕麻烦，而放弃整个世界，放弃与宇宙能量对接，从而陷入恶性循环。反之，能够与宇宙能量对接的正能量状态，却会让人信念坚定，拥有明确的人生目标，知道自己的所需并为之不断努力。让人欢迎变化也制造进步，当困难来临时，能够不嫌麻烦或贪图安逸，知道山丘后面会有更美丽的风景。

无疑，无法与宇宙能量对接的无能量状态只会渐渐把你的人生拖垮，而提升正能量才是人生的幸福之道。

## 2. 与宇宙能量对接，改变无能量状态的方法

### （1）我们不能无视负能量的存在

倘若不对自己进行刻意的开导与疏解，负能量不会善解人意地自动消失，它只会变本加厉地影响我们的心情，影响我们的生活，为我们吸引来更多不好的状况。既然大部分的负能量来自于“我执”，那么我们首先就要放下自己强烈的自尊心。

当别人质疑我们的决定和成果时，这首先代表着也许我们考虑得不够周全，别人发现了我们所忽略的问题。这其实是一件好事，因为我们不可能每件事情都做到面面俱到，在某些事情上，我们肯定会有疏忽的时候。别人能够将其指出来，总比我们一直疏忽、一直大意，最终造成无法挽回的局面好。所以，当别人提出质疑时，我们先不要像弹簧一般立即反击，而应耐心地听取他人的意见。倘若真是我们的问题，我们应该诚心感谢对方。倘若我们没有问题，我们也可以有理有据地讲解给对方听，这样我们不但进一步印证了自己的决定与成果，还有可能会收获一位朋友。

### （2）当遇到棘手的问题时，不要逃避

一味地逃避并不能把自己从困境中解脱出来，因为问题终将还是要我们自己去面对的，可是在逃避的过程中所浪费的时间与精力只会把我们自己往死胡同里逼。不敢面对失败才是人生真正的失败。一两次的失败并不可能让别人来否定我们这个人，即便是别人否定了我们，只要我们不否定自己，我们终将会从失败的阴影中走出来，迎接成功的拥抱。

至于他人比我们优秀的地方，这更不值得造成我们的困扰。有道是“尺有所短，寸有所长”，对于他人强过我们的地方，我们应该大方地承认与接受，这并不代表我们就输于他人，因为我们同样也有强过他人的优势。

其实，我们更应该跟某些方面强过我们的人交往，因为这样才有助于我们的提升。

一个成功者与九个乞丐在一起，他充其量能做一个丐帮帮主，可他还是个乞丐；一个乞丐与九个成功者在一起，那么他必定也会成为成功者。所以，与谁为伍很重要，当我们沉浸在与整体水平比我们弱的人在一起，那么我们自身的水平也会被降低；而如果我们与优秀的人在一起，那么我们会变得更加优秀。

你看，想要与宇宙能量对接，提升正能量，改变无能量状态一点都不难，只要我们换一个角度来思考，怒火与纠结轻而易举就会被解除。“我执”已经控制我们的心智太长时间，我们此时就应该让内心沉睡的真我觉醒，以便让我们在接下来的时光中感受正能量所带给我们的勃勃生机，而不是继续沉浸在无能量状态中痛苦不已。

**杨安谈潜能量**

◆好运不会眷顾那些每日被愁云惨雾覆盖的无能量者。

◆与宇宙能量对接，提升正能量能导正人的灵魂和行为，潜移默化地让人变得更幸福。

◆与宇宙能量对接，提升正能量一定比任何财富更能长久地滋养你的心灵。

## 打开心灵，与宇宙能量无障碍对接

在繁忙的生活中，我们面对这样那样的变化，很多时候都会有一种窒息的感觉。这究竟是什么原因造成的呢？或许是生活的节奏太过紧凑，或许是人追求的目标太过遥远，总之因为种种原因，将心灵禁锢在自己打造的枷锁之中，让生活压弯了我们的腰，让自己与宇宙能量的对接产生了障碍而变得或狂妄、固执，或自卑、冷漠。

要想让自己与宇宙能量无障碍对接，在生活中拥有更多的财富、健康、幸福和快乐，最主要的就是打开心灵，将心灵从枷锁中解脱出来。只有让自己的心灵能够自由地呼吸，才能够避开生活的琐碎，找到生活中的乐趣，为自己绘制出一幅精彩的蓝图。

在一座寺庙里有一间阁楼，由于年久失修，窗户整天密闭着，厚厚的窗帘阻挡了阳光，这个屋子里很是黑暗，充满着远古气息和灰尘。

有一天，寺庙里的两个小和尚去阁楼里寻找一本经书，翻箱倒柜找了半天，却因屋子太暗而一无所获。看着外面灿烂的阳光，两个小和尚就商量说："我们一起把外面的阳光扫一点进来吧，这样屋子就亮堂了。"

于是，他们就拿着扫帚，到屋外去扫阳光了。两个小和尚很用心地将映在地上的阳光扫进桶里，然后又小心翼翼地搬进阁楼。可是每次一进房门口的黑暗处，阳光就没有了。一次、两次、三次……每次都这样，但两个小和尚并没有放弃，而是一而再，再而三地扫，小心翼翼地搬。但每次依然是徒劳，屋内还是没有阳光。

"为什么我们这样努力都无法将阳光运到屋子里呢?"这个问题让他们困惑不已。

这时，寺庙里的一个方丈正好从此处经过，看见他们的举动，好奇地问道："你们在做什么?"

两个小和尚回答说："师父，这间房子太暗了，我们找不到经书，所以要扫点阳光进来。"

方丈笑着说道："只要把窗户打开，阳光自然会进来，何必去扫呢?"

只要把窗户打开，阳光就会进来。其实，生活中也一样，把心灵打开，美好的事物也会进来。如果你心情好，你会觉得沙漠为你唱歌，小草为你起舞；如果你心情糟糕，你会觉得开放的玫瑰在流泪，奔腾的小溪在哭泣。所以，我们不要封闭自我，要学会打开心灵，这样，你才会跟宇宙能量无障碍的对接上，从而感受到真正的身心活力和人生幸福。

## 1. 要将自己的心灵从黑暗中解救出来

只有充满宇宙能量的明亮心灵，才能让希望的种子萌芽。只要有希望存在，生活的负重就不再沉重，而零负重的生活也不再遥不可及。

“只有一点微弱的灯光，就是那一点仿佛随时都会被黑暗扑灭的灯光也可以鼓舞我多走一段长长的路。”这是巴金在那个隶属于他的年代说的一句话。面对沧海横流，风雨如晦，人们因为前途渺茫，难免会失去希望，甚至失去对生活的憧憬。面对抉择，你是选择自暴自弃，在生活的逆流中失去自我以及一切；还是选择迎着逆流而上，借着逆流的力量将自己打磨得更加坚强？学会自我肯定，让自信打开你的心灵。

人们都是在不断地超越现状中找寻到自信的，而自信可以让一个人找到自己的价值，找到生活的意义。也可以换个说法，自信就是在自卑的驱使下建立起来的，只要你打开心灵，对接上宇宙能量，自卑也可以变成走向自信的动力。

## 2. 以积极的态度面对生活中的种种磨炼

成与败、输与赢、得与失，它们之间本来就没有太过明显的界限，它们只代表着事物的两种不同的结果而已。我们不难想到惨遭屈辱的太史公司马迁，在遭受非人待遇之后尚能以积极的心态，对生活中的黑暗一笑置之，随后用坚毅的笔书写下了自己心中的历史。他历经20多年，足迹遍布大江南北，终于完成令后世惊叹的不朽之作《史记》。与他相比，我们要幸福得多，只要开放的心灵是与宇宙能量无障碍对接的，生活的音符就一定是最精彩的，最充满动力的。

## 3. 要懂得抓住并珍惜现在

生命中的每一刻都存在着变化，要相信每一个时刻发生在我们身上的事情都是最好的，而自己的生命在这个时刻正以最好的方式展开。所有的生命都不可能在虚幻的世界里存在，当你以另一种心态去看现实，看世界的时候，就会有另一番感受，何必让自己的心处在黑暗之中呢？当温和而强大的宇宙能量照亮你心灵的时候，你就会有一种异样的感觉，尘嚣的喧闹不再围绕着你，悲伤的愁云也消失不见，而这时候的生活真的很轻松，感觉自己从来没有这般舒适过。

心灵是人生最宝贵的财富，是快乐与幸福的源泉。我们的心灵应该要与宇宙能量无障碍对接，用它的阳光来照耀，用它的春光来温暖，使心灵一年四季春常在，温暖、照亮我们的人生，切不可让它布满阴霾而使生活失色。因为一旦无法与宇宙能量无障碍对接，生命的阳光就会渐渐在你眼前消失，阴影便会永驻你的心头。因此，切莫让自己的心灵成为黑暗中的囚徒，莫让心灵的绝望、失落和消极成为我们人生中的绊脚石。坚定而轻盈的打开心灵，让心灵充满宇宙的能量，以阳光的心态面对生活，你会发现：每一天都是新的开始，每一天都是一个新的起点。

### 杨安谈潜能量

◆不能与宇宙能量对接的心灵，就像挣扎在黑暗的牢狱中，承受着不断累积起来的重担，在无边的煎熬中消耗着生命。

◆让自己的心灵与宇宙能量对接，充满阳光，不再做黑暗中的囚徒，不仅是对自己人生的珍惜，也是对自己未来的展望。

◆与宇宙能量对接，才可以让人在生命的舞台上，用动人的歌声演绎独具自己特色的人生历程。

## 保持纯净，最大化地吸引宇宙能量

人的一生，一直都在不断地积累各种事物：名誉、地位、财富、亲

情、健康、知识等，随之而来的也有烦恼、忧虑、挫折、沮丧、压力等。在这些事物中，有不少早该丢弃而未丢弃，有的确实早该储存而未储存。

问问自己：是不是每天沉于忙碌中，使自己的身心都疲惫不堪，以至于总是没能好好静下来，仔细地清扫心灵，保持纯净？每一个追求幸福和快乐的人都要懂得：人一定要随时清扫、淘汰不必要的东西，才会保持纯净，最大化地吸引宇宙能量。

很多人都喜欢打扫房子后的那种焕然一新的环境，当灰尘扫清后，人会不自觉的产生一种如释重负的感觉。同样，理完发的感觉也十分自在清爽，因为多余的、不必要的东西都去除了。儿童是快乐的，究其原因，就在于他们心灵纯净，没有过多的心事，也没有不必要的忧虑。而成人则不同，在我们的生命中，有太多的积压物和太多想象出来的复杂的事物，它们会使心灵蒙尘，抑制生命能量的发挥，弱化生活的幸福感。

在电脑越来越普及的今天，几乎人人都知道，回收站是需要经常清空的，否则就会占用过多的空间，影响计算机的运转速度。人的心灵也是如此。如果你不能不断地清扫和放弃一些东西，那么生命里填塞的东西越多，尘埃就越重，就越不能发挥潜能。

常常听人们说，现在的人越来越没有人情味了，越来越没有同情心了。这是人们追求物质生活的必然结果。当人们为了物质利益而奔波劳碌时，人们的生活就会变得喧嚣与忙碌；变得只重视物质生活结果，而忘了过程，忘了体会人生的乐趣，人与人之间的关系也会变得更加冷漠。为了改变这种状况，我们在生活中一定要努力保持一颗纯净的心。

保持纯净，不是远离尘世的喧嚣，而是要全身心地自己去净化；保持纯净，不是要远离人群，而是要和他们保持良好的关系；保持纯净，不是要抛弃物质生活，而是要支配物质生活并不被它所左右；保持纯净，不是遇到挫折就悲伤、气馁，而是即使翅膀折断，心也要飞翔。在现代生活里，努力使自己保持一颗纯净的心的人是不多的，这样的人也是聪明和明智的，他们必将享受到那份特属于自己的幸福。

保持纯净说难不难，说易也不易。不难的是，纯净在于心，是自我思想的问题；不易的是，战胜自我往往是很挣扎的，当然也是很强大的。

俗话说："心静自然凉，心远地自偏。"不管是风吹旗子动，还是风吹草动，都是一种客观的现象，我们都可以视而不见，不受其干扰。不管外界的环境多么纷扰杂乱，只要提高了修养，我们就可以让自己的心灵保持纯净，最大化地吸引宇宙能量。

有一位虔诚的佛教信徒，每天都从自家的花园里采撷鲜花到寺院供佛。一天，当她正送花到佛殿时，碰巧遇到无德禅师从法堂出来，无德禅师非常欣喜地说道："你每天都这么虔诚的以鲜花供佛，依经典的记载，常以鲜花供佛者，来世当得庄严相貌的福报。"

信徒非常欢喜地回答道："这是应该的，我每次来寺礼佛时，自觉心灵就像洗涤过似的清凉，但回到家中，心就烦乱了。作为一个家庭主妇，如何在喧嚣的尘世中保持一颗纯净的心呢？"

无德禅师反问道："你以鲜花献佛，相信你对花草总有一些常识。我现在问你，你如何保持花朵的新鲜呢？"

信徒答道："保持花朵新鲜的方法，莫过于每天换水，并且于换水时把花梗剪去一截，因花梗的一端在水里容易腐烂，腐烂之后水分不易吸收，就容易凋谢！"

无德禅师道："保持一颗纯净的心，其道理也是一样。我们生活的环境像瓶里的水，我们就是花，唯有不停地净化我们的身心，变化我们的气质，并且不断地忏悔、检讨，改进陋习、缺点，才能不断吸收到大自然的食粮。"

信徒听后，欢喜作礼感谢说道："谢谢禅师的开示，希望以后有机会亲近禅师，过一段寺院中禅者的生活，享受晨钟暮鼓，菩提梵唱的宁静。"

无德禅师道："你的呼吸便是梵唱，脉搏跳动就是钟鼓，身体便是寺宇，两耳就是菩提，无处不是宁静，又何必等机会到寺院中生活呢？"

让自己的心灵保持纯净，最大化地吸引宇宙能量是最理想的状态。它的主旨是众善奉行自净其意，它的特征是平和、平淡、平心静气、气定神

闲。这种状态里没有浮躁，也没有忧郁；没有兴奋，也没有悲观；没有狂妄，也没有自卑，一切都恰到好处。它就像太极图一样，与宇宙能量浑融为一体。人一旦拥有了这样的纯净状态，就能打开潜能宝藏的大门，巨大潜能就会被释放出来；他就能静如止水、动如奔洪，既能够去应对人生的一切艰难险阻，也能够去承受人生的一切成功。

## 杨安谈潜能量

◆保持纯净，自会超然物外、淡定从容。

◆抛弃贪欲、顺其自然才会使人纯净、安宁。

◆保持纯净，是舍弃与放手的艺术。

# 第四章

# 重新认识自己，找回真实的我

重新认识自己，找回真实的我，真我就会在你的人生之途中不断地指引着你找到幸福。真我，是一切问题的答案，它能将一切的巨大能量集聚后长成参天大树，让你用健康的心开始与众不同的生活，活得无愧于自己，活得真实，活得自然，活得快乐。

## 人人皆是自我思想的产物

人有思想，这是人的天赋。正如爱默生所言："人是思想的产物。"思想决定一生，说明思想是人生的最重要的内容，是人生最核心的组成部分。人人都是自我思想的产物。

你是你所想的那样。在你的思想对你的肌肉组织进行调动之前，你不会坐到椅子上；在你的思想掌控你的手的行动之前，你不会拿起这本书。你每天早上饮食、行动、起卧，原因都只有一个，那就是你的思想控制着你。

你做出的行动看起来似乎是自动的，但是其实每一个行动背后都有思想在控制。

如果你对此有质疑，你可看看足球队长是如何使11个具有不同思想的男孩组成一支队伍的？是他召集他们聚集在黑板面前，训练他们的思想，然后让他们去操场，在这些思想的支配下控制他们的行动。

再想想，你是如何学会运动的，比如说游泳。如果你的思想不懂得在水中如何控制你的身体，你无法学会游泳，你会溺水。

再进一步，你走路的风格，站立的姿势，穿衣的喜好都反映出你的思想。一个邋遢、萎靡的举止通常会反映出一个没有条理的思想。一个挺拔的身体则可以反映出内心的信心和勇气。

人的行为举止是内心的外在表现。思想是所有财富、所有成功、所有功利、所有伟大的发现和发明，以及所有成就的起源。

没有了思想，世界上就不会有医学、科技，不会有壮观的博物馆，不会有精彩的戏剧或小说，不会有现代的交通运输。事实上，连远古时代的生命都不会进化，也就没有了当今人类的存在。

因此，成功的秘诀不在外物，而在人的思想之中。是人的思想支配而决定了人的性格、职业、各种人生选择，是人的思想决定了人的生活力量。

著名的英国心理学家海德菲尔德进行了一个很有意义的实验：

让三个人在三次不同的情况下全力握住测力计，通过测试他们握力的变化，来证明心理对生理的影响。

第一次测试是在正常清醒的情况下，他们平均握力是101磅。

第二次测试是在他们被催眠并被告知都很虚弱时，他们的平均握力就只有29磅——正常人体力的1/3（三人中有一个是拳击冠军，被催眠并告知他很虚弱后，他觉得自己的手臂很瘦小，像婴儿一样）。

第三次测试是在被催眠时告诉他们非常强壮，他们的平均握力可以达到142磅。当他们心中充满积极有力的思想时，每人的握力平均都提升了近50%，接近150磅。

这个测试验证了诺曼·皮尔的一句话："你所看到的并非真正的你；反倒是你怎么想，你就是什么样的人。"

是的，我们的思想有时候来自于我们的经验，这往往有很大的局限性，我们对自己的估计也有很大的局限性。当你认为自己将会失败时，往往失败的概率真的很大；当你坚信自己会成功时，往往成功的概率也真的会很大。思想的力量，能毁灭你，也能让你成功！

思想不断地把信息传给大脑，造成期望效应。如果你相信自己会成功，思想就会鼓舞你达成；如果你相信自己会失败，思想也会让你经历失败；如果你对生活绝望，思想也会结束你的生命。

失明的弥尔顿在三百年前就发现了同样的真理：心灵，是自己的殿堂；它可以成为地狱中的天堂，也可以成为天堂中的地狱。

拿破仑与海伦·凯勒都是弥尔顿理论的最佳解释者。集荣耀、权力、富贵于一身的拿破仑说："在我的生命中，找不到六天快乐的日子。"既聋又哑的海伦·凯勒却说："我发现人生是如此美妙！"

我们所需要面对的最大的问题是：保持积极的思想。

人生需要保持积极的思想，如同花草需要养分。没有养分花草就会枯萎，即使苟活，也只不过是残红、惨绿，再也没有生机与活力。人生的道路难以一帆风顺，前路布满荆棘、充满坎坷。只要保持积极的思想，就会看到希望、看到曙光。人生的价值并不在于成功后的荣光，而在于追求的本身，在于信念的树立与坚持的过程。

戴尔·卡耐基在《人性的弱点》一书中写道："通常如果想到快乐，我们就是快乐的；如果想到凄惨，我们就会凄惨；有恐惧的想法，就会产生恐惧；想到的如果是失败，我们就注定要失败；想到的如果是自怜，人人都避之唯恐不及。病态的思想真的令人生病。"

古今中外，无数平凡的人都从苦难中走了出来、走向了成功。他们都是用积极的心态取代了消极的心态。每当遇到挫折时，他们觉得保持积极的思想去面对问题，并勇于解决问题，要比一味地消沉和悲伤有用得多。以积极的思想去解决问题是走出困境的唯一途径。从某种意义上说，成功就是在挫折面前保持积极思想、不断努力的成果。

超级球星迈克尔·乔丹曾被所在的中学篮球队除名。赛拉·霍兹沃斯10岁时双目失明。但她却成为世界上著名的登山运动员，并于1981年登上了瑞纳雪峰。瑞弗·约翰逊，十项全能的冠军，有一只脚先天畸形。赛乌斯博士的处女作《想想我在桑树街看到的》被27个出版商拒绝，第28家出版社——文戈出版社出版了该书并售出600万册。艾尔伯特·爱因斯坦4岁才会说话，7岁才会认字，老师给他的评语是：“反应迟钝，不合群，满脑袋不切实际的幻想。”他曾惨遭退学的厄运；在申请苏黎世技术学院时也被拒绝。1905年，爱因斯坦的博士论文在波恩大学未获通过，原因是论文离题而且充满奇思怪想。爱因斯坦感到沮丧，但这未能使他一蹶不振。

也许你确实很不幸，但是当你了解到更多事实时，你会发现，成功人士所遇到的困难挫折远远多于你，他们却仍然让自己的思想保持了积极，而这就是他们成功的根本原因。

詹姆斯·艾伦在《思想的力量》一书中写道：“如果一个人改变对人和事的看法，人和事就会因此发生改变，如果一个人的想法有急速的改变，他会惊讶地发现生活中的情况也有急速的变化。人的内心都有一种神奇的力量，那就是自我，所有的人都是自己思想的产物，提升了自己的思想，人才能上进，克服并完成某些事情。拒绝提升思想的人只有停留在悲惨的深渊中。”

因此，无论何时，无论何地，都不要让自己成为消极思想的悲剧产物。人生的幸福、成就与快乐，取决于我们的思想。在生活中，无论是风和日丽还是狂风暴雨，只要我们始终保持乐观的思想，生命终将迎来春天。

## 杨安谈潜能量

◆今天，你要快乐，还是悲伤？每个人都可以选择自己每天的思想。

◆思想的力量无穷无尽。

◆最糟糕的人生来自于最黑暗的思想；最灿烂的人生来自于最阳光的思想。

## 所谓的那个“我”只不过是你认为的那个“我”

古希腊戴尔菲城的一座神庙里，镌刻着苏格拉底的一句名言：“认识你自己。”这是这座神庙里唯一的碑铭！它道出了人生成败的关键——正确的自我认知。遗憾的是，生活中很多人的心智都不够成熟，对自我的认知都是错误的或者是存在偏差的。事实上，他们心里的“我”只不过是自己认为的，他们的真我并不是他们所认为的自我。

殊不知，正是由于存在着这种自认为的、错误的或存在偏差的自我认知，我们的人生才会平添了许多挫折。

美国女影星霍利·亨特曾经竭力避免自己被定位为娇小精明的女人，结果走了一段弯路。后来在经纪人的指导下，她重新根据自己身材娇小、个性鲜明、表演极富弹性的特点给自己重新定了位，出演了《钢琴课》等影片，一举夺得戛纳电影节和奥斯卡的最佳女演员。

文学巨匠歌德也曾经因为没有正确地认识自己，错误地以为自己是一块当画家的料，结果白白浪费了十多年的光阴。

无论是历史上还是生活中，都不缺少因错误的自我认知而走弯路的例子。这些例子不断地提醒我们——错误的自我认知是失败的根本原因。

错误的自我认知会将我们引向一条错误的道路。比如，上例中如果歌德不将自己的文学天赋误认为美术天赋，不在成为画家这一条错误的道路上浪费十多年也许会更早获得成功。

错误的自我认知会让我们作出错误的决策。一个人将自我看得过高就会冒进，极可能陷入一败涂地的境地。同样，一个人将自我看得过低则容易优柔寡断，与成功失之交臂，甚至自暴自弃。

此外，错误的自我认知还会引发一系列负面心理，如自大、自卑、愤怒、妒忌等，给自己人生的道路设置重重障碍。

总的来说，一个不能正确认识自我的人，其心智是不成熟的，往往要在经历许多挫折、失落之后才可能有所成就。

有一次，从事个性分析的美国专家罗伯特·菲力浦，在办公室接待了一个因自己开办的企业倒闭、负债累累、离开妻女到处流浪的流浪者。

那人进门打招呼说："我来这儿，是想见见这本书的作者。"说着，他从口袋中拿出一本名为《自信心》的书，那是罗伯特许多年前写的。

流浪者继续说："一定是命运之神在昨天下午把这本书放入我的口袋中的，因为我当时决定跳到密歇根湖，了此残生。我已经看破一切，认为一切已经绝望，所有的人（包括上帝在内）已经抛弃了我，但还好，我看到了这本书，使我产生新的看法，为我带来了勇气及希望，并支持我度过昨天晚上。我已下定决心，只要我能见到这本书的作者，他一定能帮助我再度站起来。现在，我来了，我想知道你能替我这样的人做些什么。"

在他说话的时候，罗伯特从头到脚打量了流浪者，发现他茫然的眼神、沮丧的皱纹、多天未刮的胡须以及紧张的神态，完全向罗伯特显示，他已经不可救药了。但罗伯特不忍心对他这样说。因此，请他坐下来，要他把他的故事完完整整地说出来。

听完流浪汉的故事，罗伯特想了想，说："虽然我没有办法帮助你，但如果你愿意的话，我可以介绍你去见本大楼的一个人，他可以帮助你赚回你所损失的钱，并且帮助你东山再起。"罗伯特刚说完，他立刻跳了起来，抓住罗伯特的手，说道："看在老天爷的分上，请带我去见这个人。"

他会看在"老天爷的分上"而做此要求，显示他心中仍然存在着一丝希望。所以，罗伯特拉着他的手，引导他来到从事个性分析的心理试验室里，和他一起站在一块看来像是挂在门口的窗帘布之前。罗伯特把窗帘布拉开，露出一面高大的镜子，他可以从镜子里看到他的全身。罗伯特指着镜子说："就是这个人。在这世界上，只有一个人能够使你东山再起，除非你坐下来，彻底认识这个人——当作你从前并未认识他，否则，你只能跳密歇根湖里，因为在你对这个人作充分的认识之前，对于你自己或这个世界来说，你都将是一个没有任何价值的废物。”

他朝着镜子走了几步，用手摸摸他长满胡须的脸孔，对着镜子里的人从头到脚打量了几分钟，然后后退几步，低下头，开始哭泣起来。一会儿后，罗伯特领他走出电梯间，送他离去。

几天后，罗伯特在街上碰到了这个人，而他不再是一个流浪汉形象，他西装革履，步伐轻快有力，头抬得高高的，原来那种衰老、不安、紧张的姿态已经消失了。他说，他感谢罗伯特先生，让他找回了自己，便很快找到了工作。后来，那个人真的东山再起，成为芝加哥的富翁。

这个故事告诉我们：认知能决定人生，认知能改变一个人的命运。一个人能否成功，在某种程度上取决于自己对自己的认知。

正确的自我认知，对于个人的心理生活、行为表现及个人在社会群体中人际关系的协调具有重大的影响作用。如果一个人在社会生活中，把自己看得低人一等，没有价值，那么，他就会产生自卑感，做事缺乏胜任的信心，没有主动性和积极性，其结果，无论做什么事情都难以保证质量。相反，如果一个人只看到自己的长处，那么，他就会产生盲目乐观的情绪，自我欣赏，自以为是，其结果，往往不能处理好人际关系。难以与人合作，就会被他人拒绝，被群体所孤立。

可见，对自我的客观认识和评价，对个人的健康发展有着不可忽视的影响。我们要想正确地认识自我，不妨从以下两方面来努力。

## 1. 通过认识别人来认识自己

一个人究竟有何种性格、何种能力，可以通过与他人的交往、与他人共同协作表现出来。所以通过认识别人来认识自己，是认识自我的重要途径。心理学家提出的“镜中之我”理论所揭示的正是这个道理。“镜中之我”就是指人是通过观察别人对自己行为的反应而形成自我意识、完成自我评价的。

## 2. 通过自我观察来认识自己

自我观察也有不同途径。第一，通过智力实践活动。人根据自己在记忆、理解、观察、想象、推理等经常的智力活动中的稳定表现，来认识自己在智力方面的能力。通过这些智力活动，相信自己有着何种记忆、理解、观察、想象、推理等能力。第二，通过自己反复的情感体验，来体察自己有何种情感特征、有何种意志特征等。内省智力是人类独有的，而且也是人类智力的高级形态。

曾子那种“每日三省吾身”的精神正表现了古代贤哲的高度内省智慧和对内省智力的不懈追求。

需要特别指出的是，能够正确认识自己并不是件容易的事情。为了达到比较客观地认识自己的目的，应尽可能地把自我评价与他人对自己的评价相比较，在实际生活中反复衡量，找出两者间的差距。在这种衡量中正确地认识自己，建立一种正确的自我心像，让心智成熟起来。

古人说，“知人者智，自知者明”，在《孙子兵法》当中，也说“知己知彼，百战不殆”。每个人只有能了解自己，有自知之明，才能算得上有真正的聪明和智慧。人生的起航就像一次战役，只有你真正了解了自己和各种情况，不再将自以为的那个非真“我”当成真我，你才能成功地驾驭起自己人生的风帆，把握人生的航向。

### 杨安谈潜能量

◆错误的自我认知让人难以获得进步，易失动力，而背离本该行走的阳光明媚的人生大道。

◆生而为人，只有正确认知，才能扬长避短，准确定位。

◆认识自己，才能驾驭人生。

## 我们的优缺点大多为他人好恶的评价

在这世上，有人认为得了不治之症是人生最大的悲剧，也有人认为没考上大学是人生最大的不幸。其实，我们最大的悲剧与不幸在于我们活着却不知自己有多大的潜能和应该做什么。不了解自己，偏又想知道自己的优点缺点，于是很多人就选择了算命、拆字、看手相等探测自己命运秘密的玄虚游戏。更多人则将自己的人生交给了他人，由他人好恶的评价来调整自己的行动。于是，往往迷失了真实的自我而不自知。

社会心理学家指出，大多数人都很容易接受外来意见。人类天生对父母、爱人、家人、朋友、领袖的影响开放心胸，他们的评价对一个人的成长有很大的影响。对大部分孩子来说，他们的一生，往往早已被父母设计定型，如此一来，便可能隐匿了他们内心真正的驱动力。譬如，一位会计黄明也有类似的经验，他说："我父母强调安全，他们希望我做会计工作。我赞同了他们的决定，便做了会计，但我的天性实在比较喜欢表现，比较浪漫化一点。"现在，他计划两年后等孩子开始工作后，便进艺术学校当个老学生。

大多数人都被证明，轻易接受建议是危险的，别人的评价，无法使自己变成个人真正的样子，反而容易被操纵成别人理想的样子。

"做任何事情，开始时，最为重要的是不要让那些总爱唱反调的人破坏了你的理想。"芭芭拉·格罗根指出，"这世界上爱唱反调的人真是太多了，他们随时随地都可能会列举出若干个理由，说你的理想不可能实现，在这种情况下你一定要坚定自己的立场，相信自己的力量，不要因为他人的评价而放弃自己内心的想法。"

哈代是一个发明家，但他周围的朋友和同事都认为他是一个满脑子怪念头的“傻瓜”。当他弄明白电影发明的原理之后，便从电影胶卷的转盘中产生了灵感：他让胶卷上的画面一次只向前移动一格，以便老师能够有充足的时间详细阐述画面里的内容。

这个想法让哈代受到不少嘲笑，但是他没有因此退缩，经过反复试验之后，他终于成功地实现了让画面与声音同步进行的目标，创造了“视听训练法”。

另外，作为一名游泳运动员，哈代曾经两度入选美国奥运会游泳代表队，也曾经连续3届获得“密西西比河16千米马拉松赛”的冠军。哈代在游泳的时候，觉得大家在比赛时使用的游泳姿势不好，决心加以改变。

但是，当他把想法告诉教练时，教练认为他的想法太过荒唐，立刻加以拒绝。一位游戏冠军也告诫他不要冒险尝试，以免不小心在水里淹死。

当然，哈代还是没有理会他们的告诫，仍然不断地挑战传统的游泳姿势，最后终于发明了自由式游泳。自由式游泳现在已经成为国际游泳比赛的标准姿势之一。

不要害怕别人的消极评价，有时候，真理只站在少数人这边。要相信自己真实内心的想法，努力去实现它，这样，你才能取得人生的胜利。巴尔扎克说过：“发明家全靠一股了不起的信心支持，才有勇气在不可知的天地中前进。”同样，在人生成长的道路上你也要靠自己内心强大的自信支持自己的行动，而不是让别人的言行左右你的成长。

成就大事者，需要一种宠辱不惊的淡然来面对来自外界的不同声音。赞誉也好，诋毁也罢，都要坦然接受，微微一笑，接受所有对自己的评价，沿着自己选好的道路，继续前行。若是因为别人的赞誉或诋毁而陷入苦恼，摇摆不定，所谓的成就也会被别人的声音淹没。

在诽谤与赞誉中，只有始终坚持自己的信念，才能将自己一生的活动进行下去。

庄子曾经说：“举世誉之而不加劝，举世毁之而不加沮。”在历史上曾经留下过浓墨重彩的一笔的人们，不仅正在接受着我们这些现代人的评

价，在他生活的那个年代也曾遭受过各种各样的非议。但是他们顶受住了毁谤的压力，也接受了各种赞誉。他们是真正有修养的人，因此即使全世界的人都对他赞誉有加，他也不会自傲；即使全世界的人都诋毁他，他也不会沮丧。这种毁誉不惊的修养，是人生的极高境界。只有毁誉不惊才能够坚持自己的理想和信念不动摇。

有些人丢弃了自己的意愿，活在别人的标准里，在别人的评判里找寻自我的价值。别人的一句诋毁足以泯灭他所有的信心；别人的一个眼光能够扰乱他应有的方寸，这样的人活得沉重，活得悲伤，活得迷失。

虽然生活在这个社会中，我们必须接受来自别人的评价；虽然人人都希望得到别人的赞誉，而不希望听到别人对自己的诋毁。但是，评价的好坏，是别人的看法，并不受我们的控制，并不代表我们真正的优缺点。即使我们自我感觉已经做得非常好了，一样会有人说我们不好。

因此，对于别人的评价，无论是赞誉，还是诋毁，我们都不必放在心上。只需淡然面对，而不必去过多在意。只要我们自己无愧于心，便可一路行走，宠辱不惊，坦然自适；只有我们不因别人的目光违背自己的真我心愿，尊重自己生活的行为方式，做真正想做的事，做真正想做的人，才会达到快乐自在的人生状态，如燕子一样轻盈飞行。

## 杨安谈潜能量

◆别人的提示本无力量，除非你心里接受它。一旦你接受，就会影响到你的思想，进而对你的成长轨迹造成影响。

◆记住，你只需要对自己的人生负责，而不需对别人的评价负责！不要去改变自己，以迎合别人的评价！

◆走不出别人的世界，就会陷入错误的人生泥潭。

## 心灵中的我才是一切能量的附着点

每个人都是独一无二的，每个人的“我”不是别人眼中的附加品，也不是别人观念和评价的产物。作为人类，虽有生物的局限性，但是，更有生命本质潜能量的无限性。每一个人都要时刻保持一颗清醒的头脑，认清心灵中的我——心灵中的我才是真我，是一切能量的附着点，是天地精华的化身，是宇宙本源的延伸。心灵中的我的生命能量是无限的，心灵中的我是价值连城的，心灵中的我有着巨大的生命潜能，只要心灵中的我愿意坚持努力，不断挖掘出自身能量，就能成为那个梦想中更完善的更理想的“我”，就能诠释人生的伟大意义、实现自我的巨大价值。

活在别人眼中的“我”，是匮乏的，是虚荣的，是迷失的；找不到心灵中的我的人是无力的，是空虚的，是压抑的。因为那样的我将人生托付给了别人的认可和掌声，将努力交给了取悦、交给了表象、交给了无常，却唯独没有交给自己的心灵，没有运用自己内心对自我价值实现的渴望去开掘我们的潜能量。活在别人眼中的“我”，忽视了自我的生命本质力量，淡漠了灵魂对真理、对真正的幸福发出的呼唤。于是，迷失了心灵中的我的人最终只能无奈地任精神世界荒芜、苍白、遗憾、痛楚或者麻木。

张楠研究生毕业后，凭借出色的设计才华，一路过关斩将，顺利地进入国内一家顶级广告公司。本想在设计领域施展一番拳脚的她却并没有想象中的那么顺利。张楠设计出来的作品总是与众不同，创意中充满了个性。同事们都认为创意很好，总经理却总是看不上眼，他始终强调的一句话是，我们要满足客户的意愿。

由于张楠形象较好，总经理为了发挥她的形象优势，总是找她陪客户吃饭，后来索性把她调过来做经理助理。张楠内心是不愿意的，可是为了

能得到总经理的好感，为了以后得到更多的话语权，张楠还是接受了。张楠想："只要以后自己有地位了，就可以设计自己的作品了。"总经理对她说："我要你做我的助理，不是为了别的，是为了要你知道客户到底需要什么东西。到时候你仍然可以做你的设计工作。"

为了应酬，张楠在酒桌上也要强迫自己向客户敬酒，这真是一件痛苦的事情，张楠最讨厌喝酒了，也不喜欢看见男人酒气冲天的模样，但她必须忍着。客户经常出入夜总会，这是张楠感到恶心的一件事，很多客户邀请和张楠跳舞，面对客户的要求张楠只能委屈自己，在舞池里，张楠觉得自己是个小丑。更让她不能忍受的是，客户常常做一些钱色交易的事情，虽然自己洁身自好，但睁一只眼闭一只眼的滋味就像自己犯了罪似的。

张楠就这样整天忙忙碌碌的，不知道为了什么。在和客户接触的日子里，张楠终于了解到客户对作品的要求和品位。于是张楠向总经理提出要求，重新回到设计工作岗位上去。

张楠按照客户的意思设计出了一幅广告作品，她拿给同事们看，几乎每一个同事都摇摇头，以前对张楠那种欣赏的目光不见了，取而代之的是一种不屑。但是，总经理却告诉她，她的作品客户很满意。张楠失去了判断能力，只好求助于以前的大学教授，大学教授给了她四字批语："俗不可耐。"这样的批语让张楠伤心不已，在大学的时候，这位教授经常称赞张楠的才气。

教授对她说："张楠，你已经失去了心灵中真正的自己，难道你忘了我们在课堂上讨论什么是艺术的本质吗？艺术的本质是真实，尤其是心灵的真实，而你的作品却充满了迷失的虚伪。现在有两条路供你选择，一条是继续迷失虚伪下去，另一条是做另外一个可以媲美梵高的真正的你。"张楠终于醒悟，向总经理递交了辞职书。那一刻，张楠感到从未有过的轻松和快乐。亡羊补牢，为时不晚。张楠的悔悟挽救了自己。半年后，找回自己的她，开办了家广告公司，很快就以独特的创意作品而在业内享誉盛名。

在张楠的故事中我们是否或多或少能看到自己的影子呢？迷失了心灵之我的表象可能在某种意义上使自己得到了保护，可是，与失去自己相比，究竟哪个更得不偿失呢？在别人面前曲意逢迎、扭曲本心，会让自己越来越圆滑，变成一个连自己都觉得冷漠可怕的陌生人。放下虚伪，按照自己的步子走下去，开心与否，坚强与脆弱，都是真实的自己；放下虚伪，才会感知自己和别人的真心，获得你想要的幸福和快乐；放下伪装，才会认清自己尽情挥洒自己的才华和梦想，使一切的能量附着扎根，生长结果。

因此，学会仔细感受心灵中的我，它会经由你的直觉传递给你，在你的人生之途中不断地指引着你。心灵中的我就像是指路的明灯，带领你走向自我成长之路。它在你脑海中不时闪烁着光芒，像是一种指引或信号，告诉你想要知道的答案。

如果你仔细感受心灵中的自我，你能经常听到一些对你有用的信息，你还能找到自己真正的需要。当你衷心愿意遵照真我心声的指引时，你就能活出真我风采，真正的使用出内在的智慧，而不会有被骗的感觉。

心灵中的我，是一切问题的答案，它能将一切的巨大能量附着后长成参天大树，让你用健康的心开始与众不同的生活，活得无愧于自己，活得真实，活得自然，活得坦荡；让你与众不同、璀璨夺目，让你成为最幸福的人、最成功的人。

## 杨安谈潜能量

◆当你能够真正活出心灵的我时，你一定是幸福的，是成功的，也是最值得效仿的。

◆真我的信息，是强而有力的信号，也是你最需要的能量来源。

◆没有任何外在资源能回答你内心最深处的疑问，所有你要找寻的答案都在你的心中。

## 忘记自我，就是放弃自我的锐利

天下为一，本出同源，本自一体。出生时父母给了我们巨大的爱，让我们有勇气面对陌生的世界。其实，除了父母之爱，还有许多爱的资源尚待开发，如兄弟之爱、朋友之爱、自然之爱等。

假如我们不把自己当成世界的一部分，就会排斥我们以外的世界，就会用自私、狭隘、自大、吝啬的态度对待自己与世界，时间一久，我们就会挑剔这个世界。而实际上，我们正是在与自己过不去。因此，很多时候，我们都需要忘记自我，放弃自我的锐利。这里说的自我并非真我，而是指我执。

我执，就是指对一切有形和无形事物的执着。人们之所以有烦恼，就是因为我执，以自我为中心，不仅使自己故步自封，在得到与失去之间痛苦不堪，也影响周围的人跟着争执痛苦。让生命获得成长与能量的前提，是忘记自我，以放弃自我的锐利的方式接纳一切美好，才能放大生命的价值。

一个人的生命之所以没有能量、得不到提高，是因为被外物侵扰了内心的平衡，执着于“自我”的世界，没有空间去接纳、吸收外界的能量。而知识和能量是相互传递和流通的，因此，你必须拥有忘记自我、放弃自我的锐利的胸怀。

宋代文学家苏东坡到金山寺和佛印禅师打坐参禅，苏东坡觉得身心通畅，于是问禅师道：“禅师！你看我坐的样子怎么样?”

“好庄严，像一尊佛！”

苏东坡听了非常高兴。

佛印禅师接着问苏东坡道：“学士！你看我坐的姿势怎么样?”

苏东坡从来不放过嘲弄禅师的机会，马上回答说：“像一堆牛粪！”

佛印禅师听了也很高兴！

禅师被人喻为牛粪，竟无以为答，苏东坡心中以为赢了佛印禅师，于是逢人便说："我今天赢了！"

消息传到他妹妹苏小妹的耳中，妹妹就问道："哥哥！你究竟是怎么赢了禅师的？"苏东坡眉飞色舞、神采飞扬地如实叙述了一遍他与佛印的对话。

苏小妹天资聪颖，才华出众，她听了苏东坡得意的叙述之后，说道："哥哥，你输了！禅师的心中有佛，所以他看你如佛；而你心中有牛粪，所以你看禅师才像牛粪！"

苏东坡哑然，方知自己禅功远不及佛印禅师。

苏东坡为什么会输给佛印？原因就在于他心中有一个执着于"我"的虚荣心，听佛印禅师说自己是佛就喜笑颜开；苏小妹指明他看佛印禅师像牛粪是因心中有牛粪时，就自然惭愧失笑。

人总是趋向于保护自我，相信自我，信赖自己的感觉，凭自己旧有的经验行事，将自己抓得紧紧的。殊不知，世人所执着的"我"并不是那个真我，而是自性的一个幻影。因此，星云大师说："人类社会发展到当今，给我们的启示是：要用智慧去看待一切，不要用我执、我见去评判。"

佛陀在罗阅祇国的竹林精舍时，有一天接受居士的祈请，偕同弟子至城中开示说法。结束后，在出城返回精舍的途中，正好遇见一人赶着牛群回城。牛个个肥壮，一路上跳跃奔逐，彼此还不时以牛角互相抵触。佛陀见到此景，有感而发，说了一首偈子：

"譬人操杖，行牧食牛，老死犹然，亦养命去，千百非一，族性男女，贮聚财产，无不衰丧，生者日夜，命自攻削，寿之消尽，如荧穿水。"

回到竹林精舍，待佛陀洗足毕，就座后，阿难即稽首请示："世尊，您在回途中所说的偈语，弟子未能完全了解其中的义理，祈请世尊慈悲开示！"佛陀告诉阿难："回来的路上，你是否见到那位牧牛人赶着牛回城？"阿难回答："是的。"佛陀接着说："这群牛的主人是屠户之家，原本养了

上千头牛。为了让牛健壮肥美，屠户雇人天天牧放这群牛到牧草丰美的地方吃草，逐日挑选最肥壮的牛，宰杀赚钱。就这样一天一天过，这群牛已经被宰杀超过了半数，然而，这群糊涂的牛儿却浑然不知，依旧每天开心地吃草玩乐，或与同伴争斗。我因为感伤它们如此的无智，所以才会说此偈语。”

接着，佛陀又对大众开示：“不仅仅这群牛如此，世人也是一样，不晓得无常的道理，每天只知贪图五欲之乐，为了我执的永不满足的欲求彼此伤害。当无常来临之际，又无能力超越，徒然掉入轮回的深渊，生生世世无法出离。所以，世人又与这群牛有何差别呢！”

的确，人类自诩为万物灵长，但有的时候，人对于宇宙大智慧的认知，并不比牛高明多少，这也是人的一种悲哀。

无法破除“我执”的人，总是感到凡是“我”想的理所当然是对的，凡是“我”要的理所当然要得到，“我”理所当然高于一切、优于一切。这样，不可避免地产生偏执、征服欲、痛苦、贪婪、怨恨。人心成了炼狱，人间成了地狱，佛所说的各种痛苦和罪恶就全都出现了。

实际上，“我”怎么可能优于一切、高于一切呢？众生平等，不能以平等之心对待别人，别人也不能以平等之心对待自己。以恶对恶，以自私对自私，开始了自私与恶的恶性循环，人因此而难逃苦海。

“我执”之结，是最大的执着，是最大的结。当认假成真，把假“我”当成真“我”时，你会因为对个人得失的计较，而时常感到恐惧与失落，时常生活在欲望的控制之下，难以摆脱物质对你的奴役。这时候，你心灵的天空中仿佛笼罩了一张巨大的罗网，你是很难解脱的。只有忘记自我，放弃自我的锐利，建立正确的自我观和世界观，才能摆脱此种状况。

忘记自我，放弃自我的锐利，要求我们冲出“我”的束缚，打破私欲、拓宽胸怀、提升境界，经常反省自我，学会站在他人的角度看问题，学会关爱他人、关爱有情众生。这就是《金刚经》里所讲的：“无我相、无人相、无众生相、无寿者相。”

当一个人真正的忘记自我，放弃自我的锐利，自能顺本心而游于万物，烦恼不生，心莲绽放。

杨安谈潜能量

◆当人拼尽一生，去满足我执的欲求，就一定会衍生出无穷无尽的苦痛。

◆过于执着于自我，往往被外物牵着鼻子走。

◆一旦你破除了我执，就能连带着破除由我执衍生出的各种执着，获得解脱。

## 静心冥思——寻找内心真我的唯一通道

妨碍人满足愿望的心理枷锁有很多，但是满足人愿望的方式却始终只有一个——以内心真我的能量去思考与行动，这也是生命自由的方式。但是，如何才能寻找到内心的真我呢？这是处在混沌的现实世界中的人们试图寻找真实的被尘世淹没的自我时的问题。这个问题的答案，也是唯一的通道就是静心冥思。

每个人在孩提时代，都曾有过强烈的好奇心，对任何事都似天下奇闻一般，都当成新知识而吸收。

随着时光的流逝，在成长之后，由于社会上的熏陶、教化，所谓“羞耻心”“隐私权”的观念慢慢形成并受到重视，于是人人都在自己身边筑起一道一道的墙，将自己与千变万化的世界隔离开来，不再如孩提时代般自由豁达。其结果是，多半人在成长之后，用脑的程度反而不如儿童时代了。

所谓的静心冥思，就是要让自己找到孩提时的感觉，也就是让自己再由原点开始，去寻求自我，重回那种“没有任何事可以捉住游移的心”的心境。游移的心，是颗不受任何形式拘泥的心，也就是真正本我的心。

静心冥思是一种在有清晰知觉的状态下，保持注意力对当下此刻的持续专注，并且是无思虑干扰的深度宁静的状态或者达到这种状态的方式。它是精神层面深思的一种行为，同时指向自我体验、自我觉醒。

### 1. 静心冥思对身心健康的效应

#### （1）生理效应

研究发现，随练习时间增加，静心冥思会产生双向的生理影响。练习之初，可得到短时间的生理放松，通常在练习 12 ~ 18 个月之后，会检测到体内产生持久的激素及新陈代谢的变化，包括如下内容：增加心输出量、减慢心率、放松肌肉、降低肌肉氧消耗量、降低肝肾血流量、增加脑流量、降低呼吸频率、减少氧消耗量、增强皮肤电阻、降低自发的皮肤电活动；EEG（脑电波）同步显示，在脑中部及前额部，a 波密度增加；在大脑前额叶区域，θ 波增加。

#### （2）心理效应

库兹库认为：静心是获得积极情绪体验的一剂良药，其能起到同心理咨询类似的效果。夏皮罗发现，在她的研究中，88% 的被试报告获得更大快乐和喜悦，正向思维明显、信心增强、效率提高，并且拥有更好地解决问题的技巧。Smith 等将静心作为提高幸福感的课程的一部分，有 36 名志愿者参与，效果显著。

米勒等进行了一项为期三年的研究，对 22 名诊断为焦虑障碍的当事人进行了以静心冥思为基础的减压干预，取得了积极的效果。蒂斯代尔等人发现，将以注意力控制为主要技术的全然觉知式静心冥思用在减压方面，取得了积极的效果。库兹等人研究了对 20 名心理障碍患者使用静心疗法的效果。这些患者被诊断为自恋型人格障碍和强迫型神经症等。其中 50% 的患者显示出紧张度减小，对压力的忍受度增加，焦虑、愤怒、罪恶感、自责都有所改善。咨询师评估有65%的患者对自己心理问题的洞察力显著提高。莱内翰研究发现，基于静心冥思的辩证行为疗法治疗边缘性人格障碍患者，一年后仿自杀性行为、愤怒、焦虑减少，社会适应和工作表现更佳，其优越性在6个月和12个月的随访中依然存在。庄艳研究发现，静心冥思对缓解咨询师的职业耗竭能起到一些效果。谢贵文等人研究发现，运用静坐冥思配合丁螺环酮治疗焦虑性神经症能取得满意疗效，并能大大降低不良反应。

### 2. 静心冥思的三种做法

#### （1）呼吸冥思法

①练习腹式深呼吸法，静心关注自己的一吸一呼。

②微合双眼，集中注意力，静心感受呼吸的节奏、呼吸器官的律动。

温馨提示：切忌过于刻意、大呼大吸、强调屏息。

#### （2）视觉冥思法

①练习腹式深呼吸法，静心关注自己的一吸一呼。

②凝视一种让自己赏心悦目或期望达成目标的图像，可以是烛光、花、画等任意物质。

③专注冥想图像本体的大小、明暗、颜色、动静，然后闭眼想象，在头脑中重新勾画图像。

④重复细致的观察和闭眼想象，直到头脑中的图像形象而清晰。

提醒：不用久视不眨，但若是过于频繁地眨眼，也应尽快纠正。正常情况下人体2~6秒眨眼一次。

#### （3）听觉冥思法

①练习腹式深呼吸法，静心关注自己的一吸一呼。

②如果置身于大自然中，可倾听树林中的鸟啼蛙鸣、海边的惊涛拍岸、小溪的流水潺潺；如果是室内，那么舒缓优雅的大自然纯音乐、古典音乐、轻音乐、a波音乐都是非常棒的冥想音乐选择。

③微合双眼，让音波带您入静，专注分析音乐的节奏、音调和所用的乐器。

④想象自己是跳动着的音符，在谱写着空灵的天籁之声。

提醒：宜选择轻柔、舒缓、优雅、悦耳、没有歌词的音乐，忌过于高亢、激烈、悲伤、节奏快速的音乐。音乐音量一般20～40分贝最佳，最高不宜超过60分贝，也就是不超过普通室内谈话声音大小。

静心冥思的习惯是很容易养成的。把自己的心情放松，让思绪自己去大海中游弋，去寻找童年时代最真最纯的自己，让心灵在缥缈迷茫之中探求真我、本我，你会取得意想不到的成功。

## 杨安谈潜能量

◆静心冥思，能引人找到生命本身暗藏的灵性之光。

◆心要清静，才能单纯的感受存在的喜悦；心不清静，面对佳肴，食不知味，即使拥有也无心享受。

◆静心冥思带来一种觉察力，心沉淀下来，有能力觉知自己的意象与情绪流过，渐渐地会明白：我，不等于我的思想；我，不等于我的情绪；我，不等于我的痛苦。

# 第五章

# 一定要知道最重要的是什么

无法明了最重要的事，我们做事就会抓不住重点，分不清主次，而让自己无法高效率地完成任务，陷于一场没有尽头的赛跑中，难以抵达目的地。因此，一定要知道最重要的是什么，并分清轻重缓急，对最具价值的事务投入最充分的时间，你才会胜券在握。

## 没有谁会对无关紧要的事全力以赴

很多人曾出现过这种情况，总觉得自己有很多事情要做，但是整天忙来忙去，又发现自己没有一件事情做得好，事情变得一团糟，心情非常烦躁，出现了干着急却没有进展的尴尬状况。

一个人要成功，不仅要付出辛勤的努力，而且要讲究方法。在不同的时期有不同的任务，有不同的事务核心，要分先后、轻重、缓急。因为，没有人会对无关紧要的事全力以赴，若是无法明了最重要的事，我们做事就会抓不住重点，分不清主次，而让自己白忙碌，徒劳无功。只有在有限的时间里先抓最核心的东西，才能把每天的事情做好，问题也才会迎刃而解。

有一位被辞退的职员，满腹委屈地去找一位很著名的职业规划师，当他看到职业规划师干净整洁的办公桌时感到十分惊讶。他问道：“你没处理的文件放在哪儿呢?”

职业规划师说：“我所有的文件都处理完了。”

“那你今天没干的事情又推给谁了呢?”

“我所有的事情都处理完了。”

看到对方困惑的神态，职业规划师解释说：“原因非常简单，我的精力有限，一次只能处理一件事情，于是我就按照所要处理的事情的重要性，列一个顺序表，然后就一件一件地去做。结果，很轻松地就处理完了。”

那位职员这才恍然大悟，为什么自己会被辞退：就是因为工作没有分清轻重缓急，虽然整天忙碌不堪，却效率极低，严重影响了公司的整体工作进度。

做事不分轻重缓急，眉毛胡子一把抓是平庸人的通病。要成为一个优秀的成功者，就一定要根据事情的轻重缓急，制订出一个计划表来。人的时间和精力是有限的，不制订出一个工作顺序来，你不会对无关紧要的事全力以赴，从而会因不积极的状态和无法分清主次导致对大量事务都束手无策。

你也许会有这样的困惑，虽然自己有强烈地将每一件事务都做好的愿望，但是因为需要完成的事务太多，让你感到时间严重短缺，感到力不从心并且筋疲力尽，你可能会无奈地感叹：“如果时间再多一点儿的话该多好啊!”可遗憾的是，不管你的这种愿望如何强烈，时间每小时只会给60分钟让你去消费，而绝不会变成80分钟。难道说真的是时间不够了吗？其实，只要我们认真地反省一下自己，就会发现，很多时候，我们对那些无足轻重的事务花费了太多的时间，却耽搁了很重要的事务，以至于出现了上述的情况。

在现今竞争日趋激烈的社会环境中，要获得更好的生存环境和发展机会，在很多时候，我们不仅要高质量地完成自己的事务，并且还要在最短的时间内完成。优秀者与平庸者的最大差别就在于：优秀的员工会绞尽脑汁计划如何用较少的时间去完成更多的工作，创造自我改善的机会并提高效率。

怎样才能分清轻重缓急呢?

### 1. 确立处理事务的先后顺序

喜欢的事务先做，不喜欢的事务后做；熟悉的事务先做，不熟悉的事务后做；容易的事务先做，难的事务后做；耗时少的事务先做，耗时多的事务后做；资料完备的事务先做，资料欠缺的事务后做；计划内的事务先做，计划外的事务后做；紧急的事务先做，不急的事务后做；有趣的事务先做，枯燥的事务后做；已经出现的事务先做，还没到来的事务后做。

### 2. 根据自身工作需要，搞清事情本质，合理科学地安排时间

合理安排时间要求我们清晰以下几个方面。

①今天你应该做哪些事务？要让自己清楚：哪些事务今天非做不可，而且非得自己亲自做；哪些事务非做不可，但并不一定要亲自做，可以委派其他人做。

②今天做什么可以给你最高的回报？应该把时间和精力投入到那些能给你最高回报的事务、让你能“扬己所长”的事务，或者是那些你今天做能比别的时候做更高效的事务。

③今天做什么能给你带来最大的满足感？那些能给你最高回报的事务，并不是全都能给你最大的满足感，均衡才有和谐。因此，不管我们地位处于何等，总需要分配时间在那些令我们满足和快乐的事情上，只有这样，做事才是有趣的，并易保持行动的热情。

④善用“二八原理”。这个原理的大意是：在任何特定群体中，重要的因子通常只占少数，而不重要的因子则占多数，因此只要能控制重要的少数，即能控制全局。我们安排时间的时候，应当考虑到这一原理，应该

把 80% 的时间花在 20% 的事情上。

“分清轻重缓急，设计优先顺序”，是处理好事务的精髓。如果不分清主次，你将会进入将重要事当成无关紧要事的误区，也不可能尽力而为。这样，你永远都不会高效率地完成任务，你会一直陷于一场没有尽头的赛跑中，很难抵达目的地。因此，一定要记住分清轻重缓急的定律，把它融入到生活的各个方面，对最具价值的事务投入最充分的时间，你就会胜券在握。

杨安谈潜能量

◆不分主次，有悖事理。

◆不会舍弃，只一味追求面面俱到的人，许多事情都常常半途而废。

◆做事分清轻重缓急，才能正确舍弃细枝末节，这是高效率妙招。

## 不是真的没能力做到，只是觉得并不怎么重要

不同的发问方式，往往决定了问题的不同结果。当你一遇到问题就立即产生“没能力做到”的想法时，那么问题百分之百会就此打住，至少你在思想上已经被吓住了，不可能再进一步。当你遇到问题时立马想到的是“怎样才能做到”时，那效果就会完全不一样。

无论是生活中还是工作中，没有什么绝对不可能的事情。

生活中我们之所以说事情“没能力做到”，仅仅是由于我们觉得并不怎么重要，而把自己捆绑住了。

是的，就是这样。不是真的没能力做到，只是觉得并不怎么重要。你的行动力与你重视事情的程度成正比。

如果你真的觉得非常重要，这个想法就是一种自我鼓励，让你在面对一项艰巨的任务时，克服自身的惰性，鼓舞自己的斗志，产生直面问题的

勇气，努力进而实现自己的梦想。

如果你真的觉得非常重要，这个想法就是一种积极的自我暗示，它让你在工作生活中遇到艰难险阻时，激发出巨大的潜能，产生“打败它”的信心，使自己更坚定地迈向成功。

如果你真的觉得非常重要，这个想法就是一种奋斗中的加速度，它让你在激烈的竞争中跑得更快，飞得更高，把对手远远甩在身后。

其实，非常重要的想法就是坚定不移的意志。对事情持有非常重要的想法的人，做事耐心、不急躁，一旦确定了目标，就会全力以赴地完成它；遇到挫折时，会努力想办法将它解决克服掉；每天都能够充满激情地去完成在别人看来冗繁重复的工作……相反地，觉得事情并不怎么重要的人往往不能控制自己的行为。比如：遇到困难时，总是轻言放弃；对事情感到厌烦，不能持续做下去……

你越觉得事情重要，就越能控制自己的行为，进而引爆自己的潜能。当你决心要实现自己的梦想时，就会激发出身体内全部的能量，激发出个人的巨大潜能，克服前进中的种种困难，坚定战胜自己、战胜困难的坚强信念，这就是重视的力量。

为了躲避战乱，人们逃离了自己的家园。酷热的太阳在天空中恶毒地照耀着，难民们拖着蹒跚的步伐，一步一步缓慢地向边境移动，不知道自己什么时候会倒下。

一位身体虚弱的母亲，带着她只有5岁的小孩一起逃难。没多久，那位虚弱的母亲终于支撑不下去了，她拖着她的小孩，找到了难民潮当中的一位神甫。她苦苦哀求神甫帮她照顾小孩，因为孩子的生命如此重要，而她觉得自己撑不到边境了。

略懂医术的神甫简单地给这位母亲检查了一下身体，发现她体力尚可，考虑了一下，便拒绝了她的请求。神甫说：“你自己的孩子当然由你自己负责，我无法代劳！”虚弱的母亲听到神甫无情的拒绝后，十分愤怒，转身抱着自己的孩子回到难民队伍当中。

一天天过去了，难民们终于步行到了边境。难民营的难民在国际红十字会的照顾下，每个人至少有了最起码的安身之处。

这时候，神甫来探望这位身体已经康复的母亲。神甫看到她微笑着说："你完全可以做到你最重视的事，完全可以爱好你所爱的人。正因为我没有接受你托孤的任务，今天才能看到你们母子都平安……"

故事中的神甫是智慧的。在最危急的时刻，他激发出那位虚弱母亲的无穷潜能，挽救了她和她的孩子的生命。生命的潜能往往从你认为事情非常重要的那刻起，就会被源源不断的激发出来。在每次遇到困难的时候，足够的重视让你不会退缩，让你激发出自己的生命潜能，勇敢地去面对眼前的挫折。

有些人经常会问：我和别人起点相同，为什么现在我还是老样子，而他却有那么大的成就？其实，如果并不是你真的觉得很重要，就没有做不到的事情；假如你不能，你就一定要；假如你一定要，你就一定能。成功开始于你下定决心的那一刻！因为，没有什么比一个最重视事情的人更有力量。当你觉得事情非常重要时会激发你的潜能，使你产生无穷的力量，它会告诉你方向，指引你前进，并为你提供一份新的旅程表。

所以，我们应一再提醒自己：今天，我要重新审视生命中的事物和目标，没有什么不可能，不是真的做不到！从现在起，我要突破舒适的环境，向自己的弱点挑战，改变过去所有阻碍我成功的消极思维，我要给予理想足够的重视，勇敢地迎接新的挑战，改变自己的命运，以顽强的奋斗精神去争取属于我的美好人生！

## 杨安谈潜能量

◆用重视激励、鞭策自己；用重视拉近理想与现实的距离；用重视默默耕耘，努力实现自己的梦想，你也能创造生命中的奇迹。

◆重视目标和理想是你取得成功的有力支点，是你获得成功的关键资本。

◆一个对人生负起百分百责任的人，会重视自己的理想，让梦想从重视起飞，开创辉煌人生。

## 有时候，奋斗只不过是为了符合他人的要求

美国著名心理学家马斯洛认为，每个人都有归属和自尊的需要。表现在每一个个体身上，就是每个人都希望能得到别人的认可，希望别人能给自己肯定和积极的论述。这就不难理解，为何有些人奋斗，是为了符合别人的要求。

符合别人的要求固然有值得肯定的方面，但每个人的主观感受不同，即使我们千般小心、万般在意，也照样会有人不满意，难以赢得所有人的欣赏。如果为此费尽心机，小心翼翼地行事，很容易搅乱自己的心，失去应有的目标和方向。

有这样一个人，他一心一意想升官发财，可是从风华正茂熬到斑斑白发，却还只是一个不起眼的小小公务员。这个人整天都郁郁寡欢，有一天竟然号啕大哭起来。这时，一位新同事刚来办公室工作，觉得很奇怪，便问他到底为何如此难过。他回答道："唉，你有所不知。年轻的时候，我的上司爱好文学，我便学着作诗、学写文章，想不到刚觉得有点儿小成绩了，却又换了一位爱好科学的上司。我赶紧开始研究物理，不料上司嫌我学历太浅，还是不重用我。后来，换了现在这位上司，我自认文武兼备，人也老成了，谁知上司喜欢青年才俊，我……"

"我一直想得到上司的欣赏和重用，为上司们活了一辈子，但是……"说着，这个人又禁不住地哭泣起来，"如今我年龄渐高，过不了几年就要退休了，但是却一事无成，你说我怎么不难过？"

可见，处心积虑地为了符合别人的要求而奋斗，就成了为别人而活，

如此没有自我的生活是索然寡味的、苦不堪言的。即便故事中的这个人最后获得了上司的重用，他的心也是不得轻松、没有快乐感的，因为他根本不清楚自己内心的真正追求。

这如同我们疯狂地转动舞步，一刻不停，在众人的喝彩声中终于以一个优美的姿势为人生画上了句号，但是内心不确定这样做的意义，这一路的风光和掌声，最后带来的只会是说不出的空虚和迷茫、疲惫和厌倦。

人生就像一场戏，你应在乎的不是观众，而是你自己所扮演的角色。

既然如此，在作人生抉择的时候，我们很有必要让自己静下心来，确定一下自己内心到底想追求什么。是为了符合别人的要求，背着沉重的包袱踏上人生之路；还是活出自己真实的样子，自由自在的享受成长、追求理想？

杰克是一位年轻的画家。有一次他在完成一幅杰作后，拿到展厅去展出。为了能听取更多的意见，他特意在他的画作旁放上一支笔。这样一来，每一位观赏者，如果认为此画有败笔之处，都可以直接用笔在上面圈点。

当天晚上，杰克兴冲冲地去取画，却发现整个画面都被涂满了记号，没有一笔一画不被指责的。他十分懊丧，对这次的尝试深感失望。

他把他的遭遇告诉了一位朋友，朋友告诉他不妨换一种方式试试，于是，他临摹了同样一张画拿去展出。但是这一次，他要求每位观赏者将其最为欣赏的妙笔之处标上记号。

等到他再取回画时，结果发现画面也被涂满了记号。一切曾被指责的地方，如今却都换上了赞美的标记。

“哦！”他不无感慨地说，“现在我终于发现了一个奥秘：无论做什么事情，不可能让所有的人都满意，因为，在一些人看来是丑恶的东西，在另一些人眼里或许是美好的。”

画展里的这种情况，我们常常会在现实生活里碰到。同样的事，同样的人，常常会得到不同的评价。仔细想想，这也并不奇怪，因为人世间每一个人的眼光各不相同，理解事物的角度也不一样。所以遇事要用正确的思维方式，不要完全相信你听到的看到的一切，也不要因为他人一时的意见和要求而迷失自己。

要知道，别人的目光纵有千千万，也比不上你对自我心灵的诚实。不必太在乎别人的掌声，自己决定自己的生活，如此才不致在迷失自我的泥沼中团团旋转，才能演绎出自己的真实，才能有泰然自若的华彩。

别人怎么想、怎么要求那是别人的事，有时你明明已经很努力了，可别人还是觉得不好，你不能一辈子为别人而活吧？尽管有些人对你来说确实很重要，但有时你越想好好表现，结果可能会越糟糕，岂不是更加费力不讨好？

卓越者总是曲高和寡，平庸者往往附和大众。坚持主见的过程，就像凤凰必须在烈焰中诞生一样，要经历残酷的身心考验。做人有主见难，能够坚持主见更是难上加难，这就更需要我们保持心静，确定内心真正追求的东西，忠于自己、相信自己，不随波逐流、人云亦云。

记住，你才是自己的主人，你对自己的人生有决定权。不必为了符合别人的要求而奋斗，不必活在别人的眼光里，敢于唱出心灵深处最真诚的呼唤，笃定地、踏踏实实地走好每一步，才能爽爽朗朗地收获属于自己的幸福。

## 杨安谈潜能量

◆如果你不能静下心思考，而是为别人的要求行动，很容易会思想混乱、六神无主，否定自己本已成熟的想法，迷失真我，如此离成功只会越来越远。

◆真正坚定的关注自己内心的想法，不盲目听从别人的意见，不做“墙头草”。

◆不能明辨是非，只会给人留下平庸无能、随波逐流，甚至是阿谀奉承的坏印象，也会因迷失真正的自我而困顿。

## 想想，那些真的是你想要的吗

如今，说起生活中的渴望，大部分人的回答可能都是体面的工作、高额的收入或是财富、地位、名利等，很少有人去想自己真正想要什么，自己最想过什么样的生活。

知道自己想要什么，知道自己内心深处的需求，对于自己的人生至关重要。因为只有你需要才有动力，只有你真正对一件事情感兴趣你才能够全力以赴，从而才能够真正地将它做好，获得成功。

著名的成功学家卡耐基曾经说过："对成功的欲望是成功的最大动力。"我们都希望获得成功，但是如果我们没有找到最真实最本质的愿望，就不会找到成功的真正动力，那么我们是很难成功的。

体面的工作，物质的充盈，或许这些看上去的确很好，可是如果你内心不快乐的话，这些都没有什么实际意义。因为你会对自己的这种生活厌恶，你会感到自己在饱受煎熬和折磨。更谈不上去实现自己的理想，也谈不上成功。

佛家说："今日的执着，终会造成明日的后悔。"如果你执着于不是内心真正想要的错误的东西，内心将无法得到长久的平静，也无法获得长久的快乐。

有一位有名的作家，每天都觉得自己活得很累，总静不下心来去创作。于是，他就向一位智者求教。

作家问道："我不明白，为什么在成功后觉得自己越来越忙碌，越来越心累呢？"

智者问道："你每天都在忙些什么呢？"

作家回答："我一天到晚都在忙着应酬，到处做演讲，接受各种媒体采访……这些事情使我心情烦躁，写作已经成为了我的一种负担。我觉得自己太辛苦了，心也很累。"

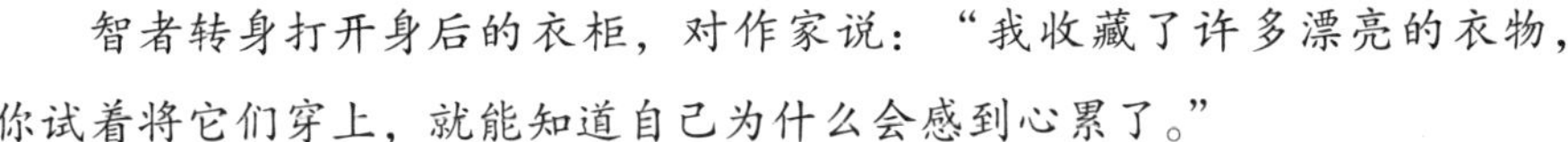

智者转身打开身后的衣柜，对作家说："我收藏了许多漂亮的衣物，你试着将它们穿上，就能知道自己为什么会感到心累了。"

作家疑惑地说："我身上穿有衣服，你的这些衣服未必适合我呀！如果我将这些衣物都穿在身上，一定会沉重，会难受的。"

智者回答："你也明白其中的道理，又为何要来问我呢？"

作家感到莫名其妙，又随口问道："您所说的话，我有点儿不太明白，您能说得更明确一点吗？"

智者答道："你身上的衣服已经足够，倘若让你穿上更多漂亮的衣服，你会觉得沉重无比。你只是一个作家，为何要去做一些交际家、演讲家才做的事情呢？这不是自讨苦吃吗？"

作家顿悟道："每个人都只能追求自己真正想要的东西，做一些自己应该做的事情，这样才能得到轻松和快乐啊！"

从此以后，作家就辞去了不必要的职务，推却了不必要的应酬，潜心写作，并最终达到了人生创作的高峰，并且再也没有感到过疲惫和烦躁，生活变得轻松和快乐了许多。

生活中，每个人都有自己的追求和欲望，从辩证的角度看，有欲望、有追求并非一件坏事，因为欲望和追求可以激发人的潜能，能够推动我们不停地向前行。但是，欲望如火，可以取暖，亦可以毁人，我们一定要掌握好理智与欲望之间的平衡关系，而不要让欲望成为我们内心的负担。要知道，在很多时候你所追求的东西并不一定是自己真正想要的东西，如果自己盲目去追求，必然会被其所累。

生活中，我们听得最多的一句话就是："别放弃！"这种信念本身没错，可是如果方向不对，那再多的努力都是白费啊，只有正确的坚持，择善的"固执"，才能通向生命的果园。

人之所以痛苦，就在于追求并不是真心想要的东西；人之所以烦恼，就在于对生活的舍本逐末。

有一天，几位分别了多年的同学相约去拜访大学时的老师。

老师见了大家后很高兴，问他们生活得怎么样。没想到，这一句话就勾出了大家的满腹牢骚。大家纷纷诉说着生活的不如意：工作压力大呀，生活烦恼多呀，做生意的商战失利呀，当官的仕途受阻呀……仿佛都成了时代的弃儿。

老师笑而不语，从厨房里拿出了一大堆杯子，然后摆在茶几上。这些杯子各式各样，形态各异，有瓷器的、有玻璃的、有塑料的，有的杯子看起来豪华而高贵；有的则显得普通而简陋……

老师说："大家都是我的学生，我就不把你们当客人看待了。你们要是渴了，就自己倒水喝吧。"

众人正好都说得口干舌燥了，便纷纷拿了自己看中的杯子去倒水喝。等大家手里都端了一杯水时，老师说话了。他指着茶几上剩下的杯子说："你们注意了没有，你们手里的杯子都是最好看、最别致的，而像这些塑料杯却没有人去选它。"

当然，大家对此都不觉得奇怪，因为谁不希望自己拿着的是一只好看的杯子呢？

老师继续说："这就是你们痛苦和烦恼的根源。大家需要的是水，而非杯子，但我们总是会有意无意地去选择漂亮的杯子。这就如同我们的生活一样。生活是水，那么工作、金钱、地位这些东西就是杯子，它们只是我们盛起生活之水的工具。其实，杯子的好坏，并不影响水的质量。如果将心思花在杯子上，我们哪里还有心情去品尝水的苦甜啊。这不就是自寻烦恼吗？"

财富、地位、名利，这些让很多人欲罢不能的东西，其实只是生活的装饰、生活的虚相而已，并不是生活本身。可惜，很多人把生活的重点放错了，忘记了此生的目的，把心思都放在了追求不是内心真正想要的东西上，痛苦自然难免。真正的幸福，是杯子里的水，而不是装水的杯子。

去做自己真正想要做的事，去追求自己真正想要过的生活，这是每个人的权利，也是义务，只有自己才能真正地对自己的人生负责。一个人究竟要过怎样的生活，想拥有什么样的人生，只有你自己最清楚，没有任何

人能够告诉你。

如果我们不知道自己想要的是什么，是一件多么可怕的事情啊！就好像是你在黑夜中拿着火把照亮，却不知道该往哪里前行，等到火光熄了或者是都已经燃到了就差烧掉自己的手指头的时候，还不清楚自己的脚步该迈往何方，该怎么走，这对于人生，对于生命是多么大的浪费和打击。

那些知道自己想要什么，并在追求的道路上勇于校正自己方向的人，才能让别人也感受到一种强烈的力量，一种无比强大的力量，这种力量来自于一个能够对自我清楚认知的人。当一个人一旦知道自己想要什么的时候，就像受了鞭策的骏马，朝着既定的方向奔驰。

人的一生是短暂的，所以在生活和工作中，明确自己的目标和方向是非常必要的。只有在知道你的目标是什么、你到底想做什么之后，你才能够达到自己的目的，你的梦想才会变成现实。从现在起，扪心自问：我真正想要的是什么？

一旦你清晰了这个答案后，就不应该把时间浪费在不是真正想要的目标上，人在不同的阶段有不同的目标和任务，认清自己在不同时期应该追求的东西并为之不懈努力，这样人生才会有价值，人生才不会有痛苦。不断地实现目标，就会不断地得到升华，也就会不断实现自我价值，人生才能走向完美。

## 杨安谈潜能量

◆知道自己到底想要什么，才是走向幸福人生的开始。

◆许多人之所以在生活中一事无成，最根本的原因在于他们不知道自己到底想要什么，或者放弃了真我理想的呼唤。

◆无论何时，我们一定要去追求真正想要的东西，才能使内心获得真正的平静与快乐。

## 问他人不如问自己，学会与心灵对话

法国大文豪雨果说：“人生是由一连串无聊的符号组成的。”的确，我们生活中的大多数时光都在很普通的日子里度过，有时，看似很正常的生活插曲，感受上却似走进生活的误区。有时疲惫，有时怨恨，有时期盼，有时幻想，有时不知所措。总之，就是被一些莫名其妙的情绪、感受占据了内心的思想、生活，而又不去梳理清楚。

因而，我们都希望有一个最了解自己的人，能够坐下来静静倾听自己心灵的诉说，能够在熙来攘往的人群中为我们开辟一方心灵的净土。可芸芸众生，“欲将心事付瑶琴，弦断有谁听”。问他人不如问自己，学会与心灵对话才是真正的人生出口。

周国平在他的《灵魂只能独行》中写道：“灵魂永远只能独行，即使两人相爱，他们的灵魂也无法同行……灵魂的行走，只有一个目标，就是寻找上帝。灵魂之所以只能独行，是因为每一个人只有自己寻找，才能找到他的上帝。”这个“上帝”指灵魂抵达归宿和家园的某种力量。

人生犹如自己握住的风筝，不管是高是低、是远是近，那根线终究握在自己的手里，别人是无法掌控这一切的。人的一生会经历很多事情，能够掌握人生方向的终究是自己，因此人生只能是独行。问他人不如问自己，学会与心灵对话，才能打造开阔而宁静的心灵空间。

曾有人问古希腊大学问家安提司泰尼：“你从哲学中获得了什么呢？”答曰：“同自己谈话的能力。”同自己谈话，就是与自己的心灵对话，就是发现自己，向自己呈现另一个更加真实的自己。你懂得呵护自己的心灵，并与它时常对话吗？时常问候自己的心灵，倾听来自心底的回答，是对自己的关爱，也是一种精神的解脱，它会促使我们从容地走自己选择的道路，做自己喜欢的事。

我们每个人都有迷茫彷徨的时候，这也是生活的常态。鲁迅先生作品中的祥林嫂，她在向世人的倾诉中，获取些许释然，还在庙里捐了槛，最终却没有过了自己心灵这一关，她依然逝去了。她忽视了与自己的心灵对话，把一切希望全寄托给别人，当别人无力帮助她时，她便彻底放弃了自己。

所以，我们每个人要学会与自己的心灵对话，时常发现自己的不足，改变自己对待生活的态度，便可以找到解决问题的方法。这样，生活可以变得更好，痛苦也会减少。和自己的心灵对话，也是我们坚强地生活下去的精神源泉。

那时他刚刚参加工作，林场领导决定让他和其余五个年轻人去森林深处做护林员。他愉快地背着行李进驻到了莽莽原始森林的深处。

那是怎样原始而远离尘世的森林啊，每一棵树都生长了几百年，林间的落叶堆积得厚厚的，弥漫着一缕缕远古的腐殖质腥臭，许多粗大的树干上都生满了斑斑驳驳的青苔。那些草鹿和狼等动物还没有见过人，它们对他一点也不害怕，只是好奇地远远望着他。他们每一个人看护的林地有方圆三十多千米那么大，林区没有一户人家，也没有一条路。到这里生活，自己像突然被抛弃到了世界尽头，同那些参天的一棵棵古树一样，自己从现代社会里被剥离出来，一下子成了原始人。

临走之前，熟悉的人对他说，到原始森林里去生活，最重要的是要时常记住自己和自己说话，要不，三年五年过去，一个人就连话也不会说了。他听了，心里觉得很好笑。一个说了二十多年话的人，怎么会突然不会说话了呢？

但刚到这原始森林里生活了半个月，他就明白了，人们告诫他的并不是骇人听闻，因为这里远离尘世，没有人和他说话，来了半个月，除了自己面对莽莽林野吼过几首歌，自己连半句话也没有说过。如果这样下去，总有一天，自己肯定会变成一个不会说话的哑巴的。他害怕了，于是，他开始尝试着同自己说话。

他对着自己的影子说：“你好！”

他对着大树滔滔不绝地说话；对着林间啁啾的小鸟说话；对着林地里

的小草和野花说话；对着汩汩流淌的小溪说话。夜里，躺在窝棚里，他一个人对着自己的心灵说话。开始的时候，任他怎么说，自己的心灵只是那么默默地倾听，一句话也不说，一点反应都没有。过了一段时间，他发觉心灵会同自己对话了，就像一个耐心的朋友。有时他说话，他的心灵在倾听，有时，他的心灵在说话，他的耳朵在倾听。

两年多后，他和其他5个护林员回到林场里，他惊讶地发现，除了自己，他们5个人已经不会说话了。别人同他们说话，他们只是沉默地瞪着眼睛听，然后不声不响地转身走了，成了并不残疾的哑巴。但他不同，他不仅话语流畅，而且每句话都清新而充满哲思，后来他用笔把自己的话记录下来，成为字字珠玑的灵性散文，频频发表在报纸杂志上，他成了一位小有名气的作家。

人们很奇怪，同在森林里孤独生活，那些人都成了哑巴，而他却成了一位充满哲思的作家。人们问他为什么，他只是笑笑说：“因为我常常和自己的心灵对话，而他们却忽略了自己的心灵。”

这个故事告诉我们：只有学会与自己的心灵对话，我们才能够听到生命和灵魂的声音，才能够常常自省，听到自己渐渐走近成功的声音。

当出现问题时，问他人不如问自己，让心灵退入自己的灵魂中，使自己与自己亲密接触，静下心来聆听心声，问问自己的心灵：“我为何烦恼？为何不快？满意这样的生活吗？我真正想要的是什么？我待人处事有问题吗？我是不是还要追求工作上的成就？生命如果就这样走完，我会不会有遗憾？我让生活压垮或埋没了没有？人生至此，我得到了什么、失落了什么？我还想追求什么……”

事实上，每个人内心深处都有一个这样的避风港，在人生的旅途中走得累了、烦了的时候，都可以走进自己营造的心灵小屋，安静下来，把琐碎的烦恼、生活的困惑暂时抛到九霄云外，静静地倾听自己心灵的声音。在自己的这个小天地里，你可以慢慢修复自己，可以公正地剖析自己、感动自己、升华自己。

问他人不如问自己，学会了与心灵对话，就学会了唤醒内心的光芒，使自己保持轻松淡然的心境，让担忧陨落，让痛苦消散，为我们的生活打开一扇畅通的大门，这样，我们就可以在忙碌的生活中寻觅到富有趣味的闲适，在枯燥的日子里安享盎然蓬勃的恬淡，远离烦恼，获得幸福。

### 杨安谈潜能量

◆与自己的心灵对话，是一种人生的成熟、一种心灵的升华。

◆谁能向世界敞开自己心灵的花瓣，岁月便会赋予它最美、最甜的果实。

◆与心灵对话，就是对心灵的爱护，使我们的心灵不被忽视、不被钝化，永远保持对美好生活的吸引力和感知力。

## 剔除无关紧要的骚扰，把心放在最重要的事上

根据“二八”法则，人生 20% 的事情是影响人生的大事，其他 80% 的事情是日常的琐事。而且据统计显示，人类的烦恼 50% 是日常的小事，20% 是杞人忧天，12% 的事事实上并不存在，剩下的 18%，则是既成的事，再担心也没用。这些数据综合起来，我们发现，我们正在把短暂的人生消耗在为这 80% 的琐事烦恼忙碌上。

因此，剔除无关紧要的骚扰，把心放在最重要的事上对于我们历练自己，形成有远见、有理想、平衡、守纪律、自制的成功素质来说是非常有价值的。

其实这是个很简单的道理。古语说：“射人先射马，擒贼先擒王”，“牵牛要牵牛鼻子”。抓住重点，不仅仅完成了达到目标要做的最关键的事情，而且解决关键的一件，会带动整个事件的推进，使我们离实现目标越来越近。学会思考如何在紧张的事情中，找到好的解决问题的方法，如何从千丝万缕的事情中，学会抓重点，学会统筹，学会科学地安排和盘算，是成功的关键。磨刀不误砍柴工，如果眉毛胡子一把抓，只怕是累得个半

死，也无法完成既定的任务。一个人如果能够抓住重心，他处理事务的效率就会提高，时间也会大大节省。

可见，如果能够将自己的精力集中起来放在最重要的事情上，就能够让一个人迅速脱颖而出。这样不但得到了他人的认可，而且实现了自己的人生价值。

对于成大事者而言，永远先做最重要的事，这是他们最佳的工作习惯。

艾伊贝·李递给查鲁斯总裁一张白纸，让他写下第二天计划完成的六件最重要的事。查鲁斯总裁很快就写完了这六件事情，因为他每天需要做的事情太多了。艾伊贝·李接着说：“你再将这六件事按照重要的程度排好顺序。”

五分钟后，艾伊贝·李说：“好了，把它放进口袋，明天早上把纸条拿出来，先做最重要的那件事，不要看其他的，直至完成为止。然后依此类推，直到下班。如果只做完第一件事，也不要紧。每一天都要坚持这样做，并要求员工也都这样做。”

一个月后，艾伊贝·李得到了一张 2.5 万美元的支票，还有一封信。查鲁斯总裁在信中说，那是他一生中最有价值的一堂课。五年后，这个当年不为人知的小企业一跃成为世界上最大的独立钢铁厂。

在我们每天所处理的事务中，只有一小部分是打开成功之门的钥匙，我们需要做的就是学会“舍”“得”，舍去不重要的事务，得到更多的有效时间，然后用心去打造自己的“钥匙”。

“二八”法则指出，不管有多少事情正待处理，一定要先解决最重要的。如果每天都按这样的程式进行，那么成功将指日可待。

成功人士都懂得剔除无关紧要的骚扰，把心放在最重要的事上，他们具备无视“小事”的能力，常常推掉一些无关紧要的小事。在往前奔跑时，都不会对路边的蚂蚁、水边的青蛙太在意。因为他们知道如果要先搬掉所有的障碍才行动，那就什么也做不成。

因此，从某种意义上来说，人生就是剔除无关紧要的骚扰，把心放在最重要的事上努力去完成它、实现它。然而，如何选择最重要的事呢？什么样的事情才是最重要的呢？下面几个方法或许对你能有所帮助。

### 1. 选择符合你的价值观

在选择时，你首先要弄清楚这样一个问题，你是不是把时间、精力、能量花费在一件你愿意为它放弃生命的事物上了呢？事实上，你活着的每天、每分、每秒，都在为了某些事情付出你的生命。绝对不要忽视价值观的重要性，也不要忽略了你的信仰及中心思想。你的价值观以及信仰正是你灵魂的立足点，无论你所追求的是什么，它们都是引领你迈向成大事者的起点。

### 2. 简化你的选项

成大事的人应该简化你的选择。也就是说，要将你的最终目标提炼到两三种你想成为的人、最想做以及最想拥有的事情上，这样你实现目标的可能性才会增大一些。

### 3. 找好开端，循序渐进

在向目标逼近的时候，首先不要问自己“想要拥有什么”，而应该问自己“想要成为什么”。你本人才是你的最大资产，应该从在自己身上投资开始。你拥有的资源有很多，包括你的才能、智慧、情感、热情、经验以及技巧等，这些都可以成为你实现目标的基础。而“想成为什么”将直接影响你会拥有什么。

想要成为什么样的人就应该努力成为那种人，首先要从你的生活习惯、做事方式、人际关系以及效仿成功者的精神生活开始改变。通过不断的坚持与努力，你会发现你所展现出来的特质、个性以及思想已经开始与众不同起来。当你的习惯及思想都达到目标的时候，你就会以最高的热情，激发你的潜能，运用你的智慧和创意尽力去完成那件事。

当你依照这个程序持续一段时间之后，你就会获得有形的成果及回馈，实质上在无形中你就已经实现了剔除无关紧要的骚扰，以最重要的事情为中心。最终，你将拥有所有你想要的东西，甚至更多。

**杨安谈潜能量**

◆要想真正做好每一件事情，这根本不可能，所以，与其面面俱到，不如重点突破。

◆把80%的资源花在最能出效益的20%方面，这样这20%方面又能带动其余80%的发展，最终赢得整体的大发展。

◆要想忙得有价值，就要永远先做最重要的事情。

## 用目标导航，以计划鞭策

每个人的内心都怀有成功的渴望，并为此而努力奋斗过。可是，为什么到最后真正的成功者总是少数？主要原因是这少数人对成功的渴望更坚定，努力更持久。那么，为什么他们能够长期坚持奋斗？因为在人生路上，他们始终用目标导航，以计划鞭策自己的行动。

曾有人巧妙地把人比喻成一条船。在人生的海洋中，大约有95%的船是无舵船，他们总是幻想着“什么时候能漂到一个富裕繁荣的港湾”。对风浪海潮的起伏变化，他们束手无策，只是任其摆布，听其漂流。结果他们要么撞岩，要么触礁，以沉没终了。但有约5%的人，他们有目标和计划，有方向，懂航线，学了航海技巧。这些船从此岸到彼岸，不断行进。那些无舵船一辈子航行的距离，他们只要两三年就达到了。他们像现实中的船长一样，既熟知下一个停泊的港口，也深知航船的目的地。

目标和计划是一种整体思维的体现，如果没有对事物全局上的一种把握与规划，那么等待你的结局大半会是失败。只要你用目标导航，以计划鞭策自己的行动，扬起勇往直前的风帆，你就一定会到达理想的彼岸。

下面一则寓言能够很好地诠释用目标导航，以计划鞭策带给人的神奇作用：

话说有一条毛毛虫（我们称之为“毛毛虫1号”），有一天爬呀爬呀爬过山河，终于来到了一棵苹果树下。它并不知道这是一棵苹果树，也不知树上长满了红红的苹果。当它看到同伴们往上爬时，也跟着往上爬。没有目的，不知终点，更不知生为何求、死于何所。

它的最后结局呢？也许找到了一只大苹果，终其一生；也可能在树叶中迷了路，颠沛流离糊涂一生。不过可以确定的是，大部分虫子都是这样活着的。

又有一条毛毛虫（我们称之为“毛毛虫2号”）也来到了苹果树下。这条毛毛虫很难得，小小年纪，却自己研制了一副望远镜。在还未开始爬时，就先利用望远镜搜寻一番，找到了一只超大苹果。它很细心地从苹果的位置，由上往下反推至目前所处的位置，记下这条确切的路径。于是，它开始往上爬，当遇到分支时，它一点也不慌张，因为它知道该往哪条路上走，不必跟着一大堆毛毛虫去挤破头。最后，它找到了最大的苹果。

毛毛虫1号，什么也不去思考，虽然“虫生”也许会轻松一些，但是，它的未来是一片模糊，只能被动地接受上帝赐予的“虫生”，丧失对自己生命的主动权。而毛毛虫2号，在还没有开始爬时就已把自己的路线规划好了，因此，它能够按照自己的计划得到已经被预期好的一切，掌握好自己的未来。

人生需要用目标导航，以计划鞭策，目标和计划是人努力的方向，给人一个看得见的射击靶，就像跳高运动员，有了横竿的指示，才可能向这个目标冲击。如果没有横竿，再好的运动员也不可能跳出好成绩。

目标和计划不仅能确保你的奋斗方向，它还具有聚焦的作用：一张白纸放在太阳底下不会燃烧，但用聚光镜把阳光聚在一个点上，纸就会燃烧。人一旦有了目标和计划，生命就开始聚焦。凡成功者，无不是先有目标和计划，然后用目标导航，以计划鞭策，在目标和计划的引领下不断地积累，积累到一定程度就形成了优势，有了优势就能够突破，成功即至。

目标和计划还可以帮助你发现机会。在一个没有目标和计划的人眼里，这个世界杂乱无章、一片混沌；而在一个用目标导航，以计划鞭策的人眼里，这个世界井然有序，因为他知道需要从纷杂的世界中获取什么。

目标和计划还能给你带来力量。当你树立了一个理想的目标，并决心朝这一方向努力的时候，你的精力会倍增。

胸怀大志、目标和计划明确的人，即使身处困境，依然自信乐观，迈着稳健的步伐向目标挺进，从而创造出卓越的人生；胸无大志，没有目标和计划的人，就像无根的浮萍，随风飘荡，终将被生活的洪流裹挟到被人遗忘的角落，蹉跎一生。

凡事预则立，不预则废。无论做什么事情都要有计划。也许在很多人看来，做事前先计划有些多此一举，而且耽误时间。可是它忽略了一点：磨刀不误砍柴工，也许最终决定成败的，就是你的“刀”磨得快不快？

因此，任何一个不希望自己虚度人生的人都应该为自己树立目标并拟订详细的计划。当你用目标导航，以计划鞭策时，你不仅会得到实现这一目标而需要的体力、精力和热情，而且会保证自己自觉地沿着正确的方向向目的地迈进。飞机在飞行过程中要不断地修正航向，以保证能抵达正确的目的地。你在奋斗的过程中也需要用目标导航，以计划鞭策，才能使你的人生之舟驶向成功和幸福的彼岸。

## 杨安谈潜能量

◆那些认为人生没有价值的人，实际上是因为他们自己缺少有价值的人生目标。

◆生活就像是登山，若你抬头望着要攀登的山顶，你会感到有需要奋斗的方向，若你只会平视着眼前，那么你注定将看不到山顶壮丽的风光。

◆对于一个不知人生之舟该驶向何方的人来说，任何方向的风都不是顺风，一帆风顺也将永远与他无缘。

# 第六章

# 任何时候都要对自我充满信心

能把事情做好的成功契机是建立在相信自己能做好的基础之上的，相信自己能做好是一种无坚不摧的力量，能使人产生勇气。当你坚信自己能做好时，你就能用信心克服所有的障碍，抵达成功彼岸。记住，任何时候都要对自己充满信心，这样能量才会越来越强。

## 没有困难与阻碍的事是不存在的

人生的道路是漫长的。但人生的道路又不总是一马平川，鲜花盛开的。漫漫征途上，有的是崇山峻岭，明坑暗道。因而，人生道路上遇到坎坷曲折，丝毫不足为奇。因为，困难与阻碍是人生的教科书，它教会人们，怎样在逆境中崛起，在与困难与阻碍的斗争中品味人生，进而认识人生、决胜人生。

生活的真正主题是，人可以通过体验收获智慧。但这只有通过克服困难与阻碍才能达成，对困难与阻碍投降是达不成的。宇宙从不会兑现承诺给那些生活战场中的失败者，同样也不会给那些贪图享乐之徒，而只会给生活中的弄潮儿。然而享乐却是大多数人所追求的——自在轻松的生活，无忧无虑的日子。但不管他们追求什么，总可能终而无果。美中总有不足，让人不能体会真正的快乐；或是错综复杂的环境变化让最初的美梦落空。

生活是自相矛盾的。生活的终极目的不在收获快乐，然而如果我们实现了生活的真正目的，我们也就找到了快乐。那些无视生活的真正目标，时时处处找寻快乐的人，是找不到快乐的。快乐就像个顽皮的精灵，总躲着他们。他们虽然还是能拥有自己的生活方式，这样的生活方式包括享乐等。但是他们根本找不到轻松自在的生活，因为它根本就不存在。真正轻松自在的生活属于坚强不屈的灵魂。他真实的生活也并不轻松，然而由于拥有刚强的内心，他的生活会显得相对比较如意。

生活，绝非易事，如果容易，那生命就枉然了。因为宇宙对人类的唯一要求在于进化得更好，而若要进化得更好，获得成功、幸福，我们这一生就必须遭遇困难与阻碍，必须经历这一切，我们才能收获智慧，塑造坚忍伟大的人格。

困难与阻碍虽然让人伤心落泪、痛苦难忍，给人带来心灵上的创伤和精神上的折磨，可是困难与阻碍却可以磨炼人的毅力、培养才干、激发潜能。人生的动力一半来自成功，一半来自失败后的发奋。我们在很多时候，潜能的发挥、巨大的成功，并不是处在顺境里，而正是在困难与阻碍中的。

困难与阻碍就像一面镜子，我们可以透过它发现我们身上的缺点；困难与阻碍又像是一位良师，我们可以从中汲取很多教训。人在顺境时容易得意忘形，很难看到自己的不足。而困难与阻碍往往能催人猛醒，促使人们自我反思，总结失败的教训，修正、完善自己的人品。人在困难与阻碍中可以悟出人生的真谛，学到很多平时都无法学到的东西。人们的一生正是因许多的“弯道”才升华了生命的质量，正是有充满无数道“坎儿”才透出生命的沧桑，正是有潮起潮落，才呈现出多姿多彩。

困难与阻碍，一直以来是强者奋发的理由，也是弱者颓废的借口。

纵观历史，由战胜困难与阻碍而成才的人数不胜数。

屈原虽被放逐，仍赋《离骚》；越王勾践被关禁却卧薪尝胆，忍辱负重，终成大业；司马迁身受宫刑却笔耕不辍，给后世留下了被誉为“史家之绝唱，无韵之《离骚》”的《史记》。正是因为这样，绳床瓦灶的曹雪芹以“阶庭夕柳更觉润人笔墨的胸襟”批阅十载，增删五次终于写成了《红楼梦》。

可是，在历史的长河中，又有多少人被困难与阻碍而淹没呢？“力拔山兮气盖世”的项羽兵败之后，自刎乌江，甚至放弃了东山再起的机会，以至李清照发出了“至今思项羽，不肯过江东”的感慨！我们在面对人生的困难与阻碍时，应具有“粉身碎骨浑不怕，要留清白在人间”的气魄！诚然，困难与阻碍让人难免感到迷惘、沮丧，可也恰恰是一个锻炼的好机会，是对人生真正的洗礼，“穷且益坚，不坠青云之志”恰恰是“与困难做斗争其乐无穷！”

当然，问题不在于我们是否要遭遇困难与阻碍，而在于我们怎样面对这一切。我们是该独树一帜，还是随波逐流？是该直面艰险，还是投降妥协？

大多数人都是生活在海洋中的浮萍，他们随处飘荡，随时就被洋流带到海角天边。只有极少数人意识到了自己内心无穷的力量。凭借内心力量，他们能不被所有艰难险阻折服，能够克服自己的缺点，并通过胜利的经历，收获智慧之果。

这种内心力量，首先来自于自信心，积极向善和收获成长、成就的自信心，而不是任何别的东西。

人在生活中注入的这种力量的多少取决于他对这一力量的信仰。如果他信仰不坚定，那他会很软弱，生活也不会有什么起色；而他如果信仰够坚定，那展现在他生命中的力量就会很强大。

困难与阻碍人人都会遇到，但信心决定了差异。那些优柔寡断之徒会很快被生活的风暴吞噬，而那些相信自己内心力量的人不会被压垮，也不会被击败。这股无限的力量，总是有求必应，不论真实需求有多大。

一个能真正意识到自己内心能量的人，知道自己不会死亡，不会被击垮，也绝不会失败。也许死亡使他肉身不复存在，但他作为一个真正的人绝不会死亡也不会失败。尽管他会被击倒一千次，但他必定能东山再起。

俗话说：“大树底下不长草。”任何一个人只要想有所作为，成就一番事业，就一定要承受困难与阻碍，这些代价是必须要付出的。因为有困难与阻碍才会有奋起，有困难与阻碍才会有求索。困难与阻碍在风雨兼程的漫漫人生路上，就是心灵的巨大财富，磨难越多，财富就会越多，收获也就越大。

因此，困难与阻碍本身并不可怕，可怕的是我们在逆境中失落自己的内心力量。只要自身有足够坚定的自信，那么，就没有任何外在因素可以伤害或摧毁我们，我们每个人在经过锤炼之后，反而变得更加坚忍、更加坚强，从而战胜困难与阻碍，让自己拥抱梦想开花的春天。

### 杨安谈潜能量

◆困难与阻碍是人生的磨炼，没有人能不经历任何困难与阻碍而取得成功。

◆只要我们内心足够自信与强大，就能在困难与阻碍中破浪远航。

◆困难与阻碍很多时候都附带着等值好处的种子。

## 打破自我负面暗示的意识

自我暗示就像一柄双刃剑，有益也有害，正面暗示和负面暗示正是这柄剑的双刃。正面的自我暗示能帮助人们战胜挫折和苦难，获得健康、幸福、成就和财富；负面暗示则会导致人们自卑和退缩，进而失去很多弥足珍贵的东西。人们通常所说的“哀莫大于心死”形象地为我们描述了负面暗示带来的危害。

美国社会学学者华特·雷克博士研究了这样一个问题：他从两所小学的六年级学生里，挑选出两组表现截然相反的学生作为研究对象，一组是表现优良的，另一组是表现不好的。那些品行优良的孩子相信不会遇到什么麻烦，相信自己在学习上会成功。那些表现不好的孩子在遇到困难时，经常会预期自己肯定会有麻烦，认为自己低人一等，觉得自己的家庭十分

糟糕。经过5年的追踪调查，结果证实就像之前预期的那样：品行优良的孩子都保持了继续上进的记录；而那些表现不好的孩子则常常发生各种各样的问题，里面甚至有人进了少年法庭。

上面的事例和研究结果表明：自我意识的确能影响一个人未来的发展。一个孩子假如产生了负面的自我意识，就会随之产生不好的表现，也就很容易被人看成是“没用的”“没出息的”，甚至“有犯罪企图”。无论做什么事情都觉得“我肯定会失败”“我不行”的人，如何能成功呢？

然而，通常情况下，大部分人的心理暗示都会倾向于负面，即负面的自我暗示比例更大，这已经成为习惯了。因为，从童年起，我们当中的大多数人，都已经得到过各种灰暗的暗示。它们包括：“你不行！”“你一钱不值！”“你做不到！”“你会失败的！”“你没任何机会！”“你总是大错特错！”“你毫无办法！”“你真无知！”“活着真没劲！”“再怎么努力都没用！”“你现在太老了，不中用了！”“日子一天比一天糟糕！”“人生就是受罪！”“你赢不了！”“你很快就会破产！”“你不能相信任何人！”

在潜移默化中，诸如此类的负面暗示不停地污染着潜意识，使我们沉沦在了灰暗的世界。阳光吸引阳光，阴暗吸引阴暗。随便哪一天，只要你拿起一张报纸，内心阳光的人总能读到鼓舞人心的消息，内心灰暗的人总能读到一些令人不安的消息。阳光之人给意识播种下希望的种子，灰暗之人所播种的多是恐惧、忧虑、悲观和挫败的负面种子。如果你的意识接受了这些负面暗示，那么你头顶的天空，就会积聚起大片阴霾。

所以，我们常可以看见，我们中的大部分人经常处于一种“想做而又怕做”的境地中，很容易产生负面的心理暗示，放弃努力，望而却步，使自己陷入长久的失意和苦恼中。

诺贝尔奖得主史怀哲博士，曾对非洲土人的禁忌做出了一个令人惊讶的报告。

他在报告中说，非洲土人的孩子即将诞生时，孩子的父亲就会一直喝酒，喝得迷迷糊糊，并随口说出一大堆新生儿的禁忌。比如他说的是“香蕉”，那么，“香蕉”就成了孩子的禁忌。他们相信，孩子长大后，吃了香蕉就会死亡。史怀哲博士还亲眼看到过因犯了“禁忌”而死亡的例子。一次，土人烹饪过萝卜后，没有洗锅，就继续煮其他的菜。一个人对萝卜犯“禁忌”，饭后，偶然间听到这口锅煮过萝卜，他立刻变得脸色发青，全身抽搐，经多方治疗无效，一命呜呼。其实，这就是一种负面的心理暗示，由此可见，其作用不可小觑。

或许上面的例子有些极端，你不会愚拙到让它在自己身上发生，但你万不可掉以轻心。分析许多人失败的原因，不是因为天时不利，也不是因为能力不济，而是因为他们做出了负面的自我暗示，自己成为了自己成功的最大障碍。

因此，要取得事业成功、生活幸福，重要的一点是要进行正面的自我暗示来产生正面的自我形象，要敢于对自己说：“我行！我坚信自己！我是世界上独一无二的人!”通过健康而积极的正面自我暗示，来打破潜意识中一切悲观、消极、负面的画面，使之变得清澈纯净。

需要注意的是，我们的自我意识受很多因素的影响，而且是经历了很长时间才形成的。所以，我们必须承认，让一个人打破负面自我意识，从习以为常的负面暗示变成正面暗示，是一件很难的事情。所以我们在下定决心打破负面自我意识前，就必须了解并反思有哪些因素在影响我们的自我意识和心理暗示。

### 1. 怎样看待自己的智能，即怎样看待自己的优缺点

假如觉得自身条件很差、缺点特别多，并且不敢承认、试图掩盖，当然就无法正确地认识自我，对自己的评价也会一直很悲观。假如能充分发掘自己的潜能和优点，并充分表现自己的优点，开发自己的潜能，不去刻意掩饰自己的缺点和不足，那么就会对自己有比较高的自我评价和自我肯定。

### 2. 个人的归属感

一个自信心不足的人假如意识到他所属的环境、群体比较可靠和优越，胆怯、自卑的自我就会因为“我们”而增强信心；与之相反，就会觉得平庸而懦弱。同理，别人的看法、学历的高低、家庭环境等也是影响自我意识的因素。

### 3. 怎样对待实践中的成功与失败

成功让人欢欣鼓舞，失败让人灰心丧气。这两种截然相反的情况对人的自我意识影响很大。

### 4. 和什么人比较

一个人通过与不同的对象进行比较，会让自己显得很高大或者很矮小。假如一个人目光短浅、浅见拙识，像井底之蛙一样只和几个人比较，就会过于优越或者自卑。

### 5. 对自己提出什么样的标准，确定什么样的目标

假如自我期望和要求很低，就会扬扬自得、不求上进；但是，假如对自己的目标选择期望过高，也会悲观失望、力不从心。只有从实际出发，选择和期望十分恰当，才会对我们产生正面作用。

了解了以上影响自我意识发展的因素，就能对症下药地尽快打破负面的心理暗示，代之以正面的自我暗示，促进自身的发展，从而开发潜能，吸引到宇宙的正能量，绽放自己美好灿烂的人生！

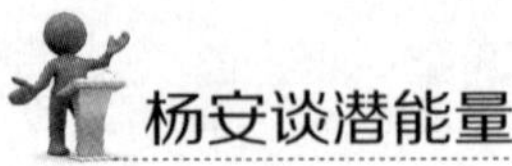


◆听命并屈服于负面的自我暗示，无异于心甘情愿地自毁前程。

◆正是你的内部世界，即你潜意识里的画面和情感，才成就了你的外部世界。

◆要改变外部状况，你必须改变内部的画面；要消除外部世界的混乱匮乏，你必须剔除负面意识的污垢。

## 信心不足并非因困难，而是无信心导致困难产生

自信，历来被人们认为是生活中成功人士所必备的性格品质。

心理学家和自信研究方面的专家南丁尔·勃兰登堡说：“在影响人类心理发展和动机的因素中，没有哪个因素比自信心更重要。人们生活的每个部分，都会被此影响。”如果你认定自己毫无价值，那你就不会为自己增值。

不管你想在有生之年做什么事，无论这个梦想有多伟大，都会受个人自信力的制约。这就是影响你潜力的井盖。如果你的梦想是十，而自信心是五，那么你永远不会做到十的高度，只能做到五，或者更低。人们永远不可能超过对自己的期望值。正如南丁尔·勃兰登堡所说：“如果你觉着自己不能应对挑战，不配被爱，不值得尊重，无权享受幸福，不敢表达自己想法、愿望或需求；如果你缺少基本的自信和自尊，那你对自己的评价值会限制你，无论你拥有什么其他东西。”因此，一个人的信心不足并非因困难，而是无信心导致困难产生。

下面还有两个故事，更能说明自信心足不足对于成败的重要作用。

第一个故事是美国前总统尼克松的故事：

尼克松是中国人极为熟悉的美国总统，但就是这样一个高高在上的领

袖人物，却因为一个缺乏自信的行为毁掉了自己的名声，也毁掉了自己的政治前程。

1972 年，尼克松竞选连任。由于他在第一任期内政绩斐然，大多数政治评论家都预测尼克松将以绝对优势获得胜利。然而，尼克松本人却十分不自信，他走不出过去几次失败的阴影，极度担心再次失败。在这种潜意识的驱使下，他鬼使神差地干出了一件令他后悔终生的蠢事：他指派手下的人悄悄潜入竞争对手总部的水门饭店，在对手的办公室里安装了窃听器。事发之后，尼克松又连连阻止调查，推卸责任。这就是世界著名的“水门事件”。由于这件事情的影响，他在选举胜利后不久便被迫辞职。本来稳操胜券的尼克松，就是因为缺乏自信而采取了这种愚蠢的手段，从而断送了自己的政治前程。

另一个是关于小泽征尔自信取胜的故事：

小泽征尔是世界著名的交响乐指挥家。在一次世界优秀指挥家大赛的决赛中，他按照评委会给的乐谱指挥演奏，敏锐地发现了其中不和谐的声音。

开始的时候，他以为乐队演奏出了错误，就又指挥重新演奏，但还是觉得不对。于是他提出了异议，说乐谱有问题。在场的作曲家和评委会的权威人士坚持说乐谱绝对没有问题，是他错了。

面对一大批音乐大师和权威人士，他思考再三，最后斩钉截铁地大声说：“不！一定是乐谱错了！”

话音刚落，评委席上的评委们立即站了起来，响起了一阵热烈的掌声，祝贺他取得了胜利。

这是什么原因呢？

原来这是评委们精心设计的一个“圈套”，用这种方法来检验指挥家在发现乐谱错误并遭到权威人士“否定”的情况下，能不能坚持自己的正确主张。在小泽征尔前面，还有两位参加决赛的指挥家也发现了错误，但是最后因为附和权威们的意见而被淘汰。小泽征尔因为对自己充满自信，不畏权威，最终通过了考验，摘取了世界指挥家大赛的桂冠。

很多事情都是信心在发挥着很大的作用。认为自己的所作所为正确，关键在于自信。自信是成功的重要保证。连自己都不相信自己，别人还会相信你吗？

正如居里夫人所说："我们应该有信心，尤其要有自信力！我们必须相信，我们的天赋是用来做某种事情的，无论代价有多大，这种事情必须做到。"拥有足够的自信心，你就会积极地去发现机会、大胆地捕捉机遇，为自己提供施展才华的舞台，从而使自己得到锻炼和提高。

分析那些伟人的人格特质，可以看出：他们在做事之前，都充分自信。如果一个人不自信，那么他时刻会受到环境和别人的影响。他总会觉得自己不重要，成就不了什么大事，因而他扮演的始终是可有可无的小角色。这样的人，从他的言谈、举止、行为中都显示出缺乏信心。他对自己的否定，产生了诸多消极的力量，常常会使他走向失败之途。

而一个有信心的人，则常常踏上成功之路。他的自信心使他能够控制他自己生命的血液，并能将他的"坚定"坚强地运行下去。在这份坚定的信心中，他把自己的希望牢牢地把握住，然后向着这理想坚持不懈地努力，因此，他也就一定可以排除种种的不幸与困难，在风风雨雨中坚强挺立，不被恶劣的情绪打倒，进而达到理想中的最高峰。

生活却从不因你的不自信而另外给你优待，使你的生活充满阳光。生活中美好的事物从来只和敢于正视现实、迎接挑战、战胜危机的人结伴而行。生活中，人们常说："你自己永远是信任你的最后一个人——全世界没有一个人信任你了，还有你自己信任你自己。"信心是一个人的精神支柱，它可以帮助我们更好地去面对困难。在人际交往中，我们也更愿意相信那些自信十足的人，因为他们散发出来的精神面貌总是积极向上的。

因此，信心不足并非因困难，而是无自信导致困难产生。不自信是阻碍一个人成功的主要因素。对一个梦想成功的人来说，与其不自信地退

却，事后满腹委屈与抱怨，不如做最后的拼搏，即使暂时失败了，也无怨无悔，因为，不自信地退却远比暂时的失败更可怕。

### 杨安谈潜能量

◆你自信己，人不信你。

◆自信是成就自我的美德。

◆大自信有大成就；小自信有小成就；没有自信只能一无所成。

## 把事情做好的前提就是相信能做好

一个人是否有价值，主要的因素是基于本身内在的综合素质，而一个人是否成长和成功，除素质之外，还有自信心。如果从小加强对自信心的培养，就能更好地调动人的各种潜在能力去克服困难，这对其以后的人生道路有着非常深远的意义——能把事情做好的前提，就是相信能做好。

美国心理学家曾对150名很有成就的人的性格进行过研究，发现他们都具有三种优秀的品质，其中一种就是“很有自信而不自卑”。

常言道，自信心是成功的第一步。相信自己能做好会使你创造奇迹。古往今来，每一个伟大的人物在其生活和事业的旅途中，无不是以强大的自信心为先导。拿破仑就曾宣称：“在我的字典中，没有不可能的字眼。”这是何等豪迈的自信心。正是因为他相信自己能做好事情，所以激发出了巨大的智慧和能力，才使他成为横扫欧洲的一代名将。

现在生活中有些人遇到一点儿小事，就说“不可能”“我不会”。这是非常不自信的表现，没有自信心又焉能成长？其实生活中的许多问题、困难，实际上正是由于你的信心不足，一旦获得了信心，就有了做好事情的前提，许多问题就将迎刃而解。要知道，相信自己能做好正是成长路上的第一路标。只有相信自己能做好，才能激发进取的勇气。

生活中，如果我们长期被自卑情绪笼罩，一方面感到自己处处不如人，另一方面又害怕别人瞧不起自己，就会逐渐形成敏感多疑、多愁善感、胆小孤僻等不良的个性特征。自卑使我们不敢主动与人交往，不敢在公共场合发言，消极应付生活和学习，不思进取。因为自认是弱者，所以无意争取成功，只是被动服从并尽力逃避责任。

生活不全是鲜花和美酒，风雨坎坷在所难免，我们如果在困难和挫折面前被压倒，怀疑自己的能力，被自卑感所控制，我们一生都会觉得生活充满痛苦，前途暗淡无光，成为生活的奴隶，失去生活的乐趣。

1951 年，英国有一位名叫富兰克林的人，从自己拍得极好的 DNA（脱氧核糖核酸）的 X 射线衍射照片上发现了 DNA 的螺旋结构之后，就这一发现做了一次演讲。然而由于生性自卑，又怀疑自己的假说是错误的，从而放弃了这个假说。

1953 年，在富兰克林之后，科学家沃林和克里克，也从照片上发现了 DNA 的分子结构，提出了 DNA 双螺旋结构的假说，从而标志着生物时代的到来。二人因此而获得了 1962 年的诺贝尔医学奖。

显然，如果富兰克林不是自卑，而是坚信自己的假说，进一步深入研究，这个伟大的发现肯定会以他的名字载入史册。

可见，一个人如果做了自卑情绪的俘虏，是很难有所作为的。能把事情做好的第一要素，就是你相信自己能做好。

在追求成功的过程中，我们不能保证一帆风顺，在面对磨难和挫折时，只有你相信能做好，才能做到无往不胜；只有你相信能做好，你才能重拾奋斗的信心；也只有你相信能做好，敢于迈出第一步，你才有机会追逐成功。

美国通用公司的董事长罗杰·史密斯在进入通用之初，只是一个名不见经传的财务人员。罗杰初次去通用公司应聘时，只有一个职位空缺，而招聘人员告诉他，生活很艰苦，对一个新人会相当困难。他信心十足地对招聘人员说：“生活再棘手我也能胜任，不信我干给你们看……”

在进入通用公司生活一个月后，罗杰就告诉他的同事，“我想我将成为通用公司的董事长”。当时他的上司对这句话不以为然，甚至嘲笑他自不量力，逢人便说“我的一个下属对我说他将成为通用公司的董事长”。令这位上司没想到的是，若干年后，罗杰·史密斯真的成了世界上最大的“商业帝国”通用公司的董事长。

罗杰·史密斯的成功来源于他的心态，那就是相信自己能做好的信心。就像威尔逊的那句名言所说：“要有自信心，然后全力以赴！假如具有这种信念，任何事情十之八九都能成功。”相信自己能做好是成事的第一能量源。如果你在筹划一件事时，总是考虑失败后的结果，抱着消极的心态，内在潜能就得不到充分的调动与发挥。

要避免与摆脱这种心理上的消极，你需要有个良好的心理状态，需要寻求心理上的平衡，并始终保持一个成功者的心态，设定自己是个成功的人物，相信自己能做好，这样，你就会发挥出极大的热情和自信心去面对前进道路上遇到的种种艰难险阻。即使你还未成功，但这种自我造就的心理成就感会促使你朝着成功的目标迈进。

能把事情做好的成功契机是建立在相信自己能做好的基础之上的，相信自己能做好是一种无坚不摧的力量，能使人产生勇气。当你坚信自己能做好时，你就能以信心克服所有的障碍，抵达成功彼岸。

记住，无论何时都要相信自己能做好事情，都要自己给自己打气，成功才会不期而至。

## 杨安谈潜能量

◆培养相信自己能做好事情的意识，是任何有梦想的人取得成功所应具备的条件。

◆有很多思路敏锐、天资高的人，却无法发挥长处，实现目标，原因就是他们缺少信心。

◆无论做什么事，你的心态决定了你能否成功。

## 不退缩，才能想办法去解决

退缩是多数人遇到困难的时候所具有的心理，但是退缩能解决问题吗？你退缩了，问题还是解决不了，你还是无法找到成功的机遇。

俗话说："困难是弹簧，你强它就弱，你弱它就强。"面对困难，倘若我们只是一味退缩，一味害怕，那么我们会被困难牢牢地压在脚下，只能做困难的奴隶；倘若我们敢于正视困难，不退缩，迎头直上，想法子去解决，那么困难就迎刃而解了。

优秀的人往往懂得在困难、失败或错误前不退缩的意蕴。因为他们知道，在每个难题中都蕴藏着机遇，不退缩是解决问题的关键要素。因此我们每一个人在遇到困难的时候，都有必要先认识到这一点，然后在解决问题中去寻找机遇。

有一家牙膏厂，产品优良，包装精美，受到顾客的喜爱，营业额连续十年递增，每年的增长率在10%～20%。可到了第11年，业绩停滞下来，以后两年都如此。公司经理召开高级会议商讨对策。会议中，公司总裁许诺说：谁能想出解决问题的办法，让公司的业绩增长，重奖10万元。一位年轻经理站起来，递给总裁一张纸条。总裁看完后，马上签了一张10万元的支票给了这位经理。那张纸条上写着：将现在牙膏开口扩大1毫米。消费者每天早晨挤出同样长度的牙膏，开口扩大了1毫米，就多用1毫米宽的牙膏，每天的消费量将多出不少！公司立即更改包装。第14年，公司的营业额增加了32%。

面对生活中的变化，我们常常习惯过去的思维方法。其实只要你把心

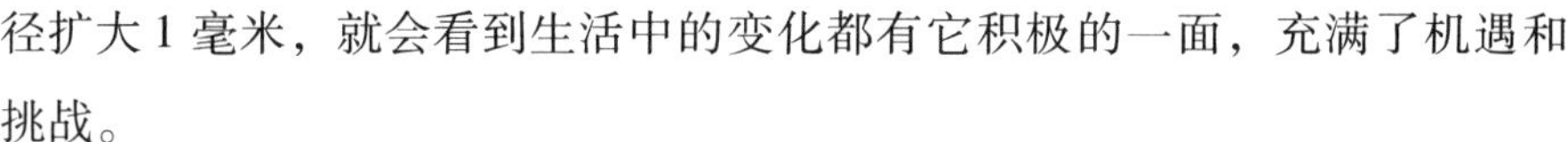

径扩大1毫米，就会看到生活中的变化都有它积极的一面，充满了机遇和挑战。

生活就是这样，谁在问题前、在困难面前退缩，他就永远地只能向生活低头，就永远是个失败者。谁能坚强地走过人生的每一步而不退缩，那么他注定是一个成功的人。

波伊提乌是公元6世纪古罗马最重要的哲学家之一，他的著作无论是在当时还是现在，对人们的思想都有着重大影响，也是西方哲学的奠基石。不过，波伊提乌并不是轻而易举就取得了这样的成绩，他的名著《哲学的慰藉》中就向大家展示了一段他“因祸得福”的经历。

波伊提乌曾是一位杰出的政治家、演说家，住在东哥特王朝和罗马皇帝忒奥地利克的宫殿里。在当时，他享有很高的声誉和社会地位，与另一位名人沃伦·贝蒂相比，波伊提乌是有过之而无不及。此外，他的家庭生活也很美满，儿子同样是个才华横溢的人。波伊提乌的生活看上去非常完美，因此大家都很羡慕他。越来越多的人开始嫉妒波伊提乌，并在国王面前诽谤他。有的人甚至暗示国王说波伊提乌是叛变分子。最后，国王听信了大家的谗言，并把莫须有的叛国罪安到波伊提乌身上。

一夜之间，他就由哲学家沦为了阶下囚。于是，他开始整理自己的思绪，寻找解决人类问题的根源。通过努力，波伊提乌发现了著名的“命运转盘”。在“命运转盘”中，只有“轴心”是亘古不变的。这个“轴心”是指最基本的、不会随着命运变化而改变的真理，也被称作自然法则。波伊提乌还提出，只要人掌握了这些真理以及主导这些真理的智慧，那么当你身处逆境时，就不会轻易向命运妥协，而是保持积极清醒的头脑和积极向上的生活态度，寻找人生最宝贵的东西。

没有牢狱之灾，波伊提乌或许未必取得如此伟大的成就。对于强者来说，任何的难题、打击、失败他们都能转化成诞生其成就的“福”。

就像亨利·福特说过：“失败不过是一个更明智的重新开始的机会。”福特本人也有过许多失败的直接体验。当他头两次涉足汽车工业时，都以破产失败而告终，但第三次他成功了，福特汽车公司成为了世界上最大的汽车生产厂家之一，至今仍然充满活力。

不退缩是能想法子去解决问题而收获成功与否的关键因素。如果你的内心认为自己失败了，那你就可能永远地失败了。诺尔曼·文森特·皮尔说：“确信自己被打败了，而且长时间有这种失败感，那失败可能变成事实。”

因此，不管面临怎样的困境，你都要拒绝承认失败，认为这只是人生中一时的挫折；都要坚信在所有的难题中都孕育着属于自己的机遇。只有当你在难题前不退缩，你才能击破你面前的黑暗，迎来你想要的光明。

光明的道路，光明的人生，拥有这种每个人都梦想的生活并不难，但是成功的方法却很重要。只有你不退缩，才会想法子解决难题，才会在难题中发现属于你的机遇。所以，不管怎样，你都不能做生活的逃兵，不能败给消极的心理，勇敢地走下去吧，向着自己的未来、自己的理想走下去！

### 杨安谈潜能量

◆遇到难题就退缩，注定独自咀嚼失败的人生。

◆面对失败永不退缩，既是一种处世态度，也是内心坚强意志的体现。

◆假如难题是山，躺在山下哀号，只会觉得山高不可攀，因为你永远在仰视它。你应做的是起身去攀登它，直到让山在你的脚下。

## 信心越强，内在能量便越大

信心是相信自己有能力实现目标的心理倾向，是推动人们进行活动的一种强大动力，也是人们完成活动的有力保证。一个获得了巨大成功的

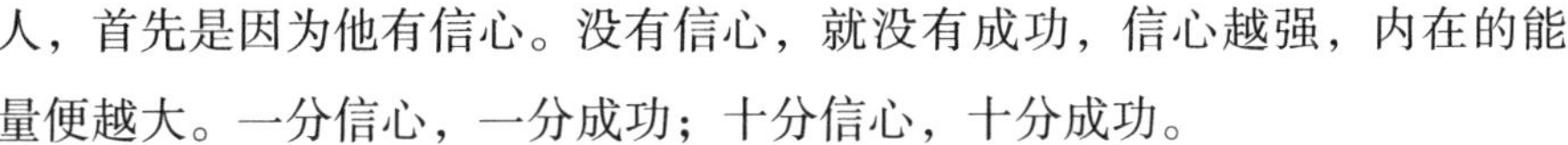

人，首先是因为他有信心。没有信心，就没有成功，信心越强，内在的能量便越大。一分信心，一分成功；十分信心，十分成功。

但丁曾说：“能够使我漂浮于人生的泥沼中而不致陷污的，是我的信心。”信心就像一根顶梁柱，它能为你撑起一片天。我们要开发自己的潜能，增强自己的能量，就要树立绝对的自信心。

有个年轻人正在找工作，他看上一家公司，但是这家公司当时并没有什么招聘计划。这个年轻人并没有考虑那么多，他就想进这家公司。于是，他直接去了公司，说自己是来应聘的。

总经理疑惑不解，年轻人便用不太熟练的英语解释说，自己想来这里工作，于是就来了。这位总经理决定破例让他试试，看看这个如此自信的年轻人到底有什么特殊的才能。但面试结果却让经理大跌眼镜。年轻人解释说，自己准备不是很充分。经理只好委婉地说：“那你准备好了再来吧。”

一周后，年轻人又充满自信地来了，但是他依然没有被录用，可是和第一次比较，他这次的表现好多了。尽管如此，经理还是委婉地拒绝了他。

但是年轻人始终觉得，自己一定可以去那家公司工作，因为他相信自己完全有那个能力胜任那份工作。

就这样，这个年轻人先后七次信心满满地去这家公司面试，最后一次去面试的时候，他表现得非常出色，经理告诉他，他被录用了，并决定把他作为公司人才培养的重点对象。

这个年轻人成功的最大原因就在于，他在准备不充分的情况下带着足够的信心去面试，并且在一次又一次的失败后，没有丧失信心，始终保持着信心，甚至更加自信，一次比一次表现得好。最后，总经理被这位年轻人强大的信心所征服。

强大的信心是个人具有开发潜能，增强能量必不可少的前提。就如同上例中的年轻人一样，正是因为他的信心那样强大、坚定，才影响了经理，使经理开始信任他，进而聘用甚至重点培养他。试问，如果一个人连足够的信心都没有，那么如何获得他人的认可、信任呢？

我们每个人都是社会中的人，我们每天都会受到外界环境和内心思考的影响。比如，在竞争激烈的职场中，我们可能常听到他人的冷嘲热讽，这时候你可能开始怀疑自己的能力，动摇自己的信心。再比如，当你用心去做一件事，结果却失败了，你也可能会怀疑自己的能力，出现自信心受挫的情况。

然而，外界各种对信心的负面影响，对于一个始终进行积极的内在自我影响的人来说，不过是一阵没有力量的风，在他的内心，吹不起半点涟漪。因为他从不把自己看作是失败者，他从不嘲笑自己暂时的失败；相反，他善于在失败中总结经验教训，并且始终相信自己。就这样，他始终自信，并用这样坚定的自信激发了自己庞大的能量。而且信心越强，内在的能量便越大。

那么，我们要怎样做才能不被自身或外界的各种消极影响抹杀了信心，而能够增强自己的信心，以让自己开发出更大的内在能量呢？具体措施可以参考以下几点。

### 1. 以积极的心态迎接挑战与困难

一个人如果以积极的心态迎接挑战与困难，他就不会放弃，就能够坦然面对困难，并积极寻找解决问题的办法。

### 2. 积极自我暗示，相信自己能行

别人能行，要相信自己也能行；其他人能做到的事，相信自己也能做到。要善于自我暗示："我行，我能行，我一定行。""我是最好的，我是最棒的。"每天早晨起床后、临睡前各默念几次，上课发言前、做事前，与人交往前，特别是遇到困难时要果断、反复地默念。这样，就会通过自

我积极的暗示机制，鼓舞自己的斗志，增加心理力量，使自己逐渐增强自信心。

### 3. 练习正视别人，提高自我胆识

一个人的眼神可以透露出许多有关他的信息。不敢正视别人是胆怯、心虚的表现。而大大方方地正视别人，等于告诉他人："我是诚实的，而且光明正大，毫不心虚。"因此，在生活中经常提醒自己要面带微笑，正视别人，用温和的目光与别人打招呼，用点头表示问候，用聚精会神、专心致志的倾听表示对他人的理解与支持。这种练习不但能增强你的亲和力，而且能为你赢得别人的信任，强化你的自信心。

### 4. 挺起胸膛，让步履轻松稳健

心理学家告诉我们，步态的调整，可以改变心理状态。挺起胸膛，你的自信心会慢慢增长。

### 5. 切勿求全责备，学会变换视角

信心不足的人总是看到自己的缺点，而很少看到自己的优点。总喜欢用自己的缺点与别人的长处相比较，常常导致情绪低落，自信心缺乏。其实，我们不需要为自己的不足而整天自责，而要相信"天生我材必有用"，"天行健，君子以自强不息"。即使自己因失败而陷入自责时，请你提醒自己，不要做唯美主义者，换一个角度看问题，把它变成表扬。

### 6. 循序渐进，让自己体验成功

体验成功的诀窍就是为自己确立小的奋斗目标。当每一个子目标完成

时，都要奖励自己，如看一会儿电视，听一段优美的音乐，吃一个苹果，买一本向往已久的书等。这样通过一个又一个子目标的实现，就会越来越接近成功。小目标的制定可以让自己明显地感觉到进步，更容易体会成功，同时也增强了自信心。

信心是人生不竭的动力，它能帮你战胜自卑和恐惧。假如人有一万个自卑的理由，那么总能找到一万零一个自信的理由。存在即是合理的，我们既然来到这个世界，那么自然担负着不同寻常的使命。因此，我们要自信，并且要不断地增强自信，只有这样，我们才能不断地增强内在的能量，才能迈过人生中一道道的坎儿，实现自己的理想，成就自己的人生。

## 杨安谈潜能量

◆自信心，可以让人化渺小为伟大，化平庸为神奇。

◆我们对自己持有的自信心，将使别人对我们萌生信心的绿芽。

◆探索自己的内在力量，而后你会发觉一切的奇迹全在你自己。

# 第七章

# 始终保持内心情绪的巅峰状态

始终保持内心好情绪就像保持了心灵的沃土，为所有的美德提供丰富的养分，使它们健康地成长。保持内心好情绪还能使你的心灵更加纯净，意志更加坚强。它像最好的朋友一样陪伴着你的仁慈；像尽职尽责的护士一样呵护着你的耐心；像母亲一样哺育着你的睿智。

## 好心情 VS 坏心情

在如今这个快节奏的社会，似乎“心情不好”已经成为一种口头禅、流行病，影响人们的身心健康，影响人们的生活质量，也影响人们的事业成就。心情作为一种持续性的心理活动，可能会一连几小时、几天，甚至一辈子影响一个人对事物的看法。因此，拒绝坏心情，保持好心情就变得空前的重要。

马克思有句名言：“一种美好的心情要比十服良药更能解除生理上的疲惫和病理上的痛苦。”心情好，一切才好；心情不好，诸事糟糕。

首先，好心情有利于病人康复。当遇到病痛时，用积极、健康的东西去振奋精神，不仅可以使人提高痛阈（痛阈值越高越不容易觉得痛），更可以刺激机体产生增强免疫水平的有益物质，有利于人体的健康。

而坏心情则会导致身体健康水平下降，甚至诱发心理或心身疾病。心理疾病是指由心理因素和社会因素引起的疾病，如神经症、焦虑症、恐惧症、强迫症、疑病症等；心身疾病是由心理因素引起的身体疾病，如原发性高血压、冠心病、胃溃疡、哮喘等。

研究证明，坏心情对健康有明显的损害。心情紧张和焦虑是健康的大敌。

中世纪，著名的伊朗医学家伊本·西那曾用两只羊羔做过一个实验。他把两只羊羔分别系在两个地方，除了生长的地方不同，它们所享受的食物、水和阳光是一样的。一只羊羔的旁边拴了一头狼，这是一只人工饲养的狼，已经不会捕猎任何食物；另外一只羊羔旁边却没有。研究者发现，旁边拴着狼的那只羊羔由于长期的惊恐，不久后就死掉了，而另一只羊羔则健康茁壮地成长着。

巴甫洛夫曾经指出："所有顽固的忧愁和焦虑，足以给疾病大开方便之门。"同样，我国医学界人士也认为，人的七情如若不和，能直接损伤内脏，引起脏腑功能不调以及气血紊乱，进而会出现各种疾病。

英国著名化学家法拉第曾经由于工作紧张，导致神经失调，常常感觉头痛、失眠多梦、身体虚弱。于是他让医生给他做了全面的身体检查，结果并没有发现任何器质性病变。后来医生详细了解了他的工作和生活等各个方面的状况，送给了他一句话，翻译为中文是："一个丑角进城，胜过一打医生。"

刚开始的时候，法拉第百思不得其解，又经过数天的琢磨，方才悟出其中的道理，豁然开朗。于是他便常常抽空去看一些滑稽戏、马戏、喜剧等表演，并偶尔到野外和海边去度假，一段时间以后，他的心情非常愉快，身体也很快得到了恢复。

为什么情绪对健康甚至对生命会有如此大的影响呢？原来，人在愤怒时会导致血压快速升高，而血压升高的后果之一就是导致血管破裂；如果大脑血管破裂，严重者将会死亡；如果心脏血管破裂或者堵塞，则可能导致猝死或心肌梗死。

可见，良好的情绪对我们的健康有着促进作用，不良情绪则对我们的健康带来一些负面影响，甚至对生命构成威胁。我们要学会适时地克制自己的不良情绪，让好情绪伴我们一生。

有个女人习惯每天愁眉苦脸，一点小事情似乎就引起不安、紧张。孩子的成绩不好，会令她一整天忧心，先生几句无心的话会让她黯然神伤。她说："几乎每一件事情，都会在我的心中盘踞很久，造成坏心情，影响生活和工作。"

有一天，她有个重要的会议，但是沮丧的心情却挥之不去，看看镜子里自己的脸庞，竟然无精打采。她打电话问朋友该怎么做？"我的心情沮丧，我的模样憔悴，没有精神，怎么参加重要的会议？"

朋友告诉她："把令你沮丧的事放下，洗把脸把无精打采的愁容洗掉，修饰一下仪容以增强自信，想着自己就是得意快乐的人。注意！装成高兴且充满自信的样子，你的心情就会好起来。很快地你就会谈笑风生，笑容可掬。"她试着按朋友的话去做，当天晚上在电话中告诉朋友说："我成功地参加了这次会议，争取到了新的计划和工作。我没想到强装信心，信心真的会来；装着好心情，坏心情自然消失。"

从心理学的角度来看，一个人心情好的时候头脑处于最活跃的时期，思维特别的灵敏，做事情的效率自然比平常高出很多。当然，好心情并不一定是指喜悦，还包括平静、祥和、温情、淡定、宠辱不惊、从容不迫等。

而坏心情却让人心情抑郁，整天愁眉苦脸地面对生活，不管做什么事情都不积极，甚至错误百出，于是，自己的价值会受到怀疑，别人和自我的肯定也会越来越少，这样，就使得心情更加消极抑郁，形成了一个恶性循环。

因此，一定要把心情的修炼提升到一个至高的位置，坚决拒绝坏心情，把好心情贯彻到人生旅途中，才能把人生幸福握在自己的手中。

### 杨安谈潜能量

◆心情决定你的行为，而行为又会直接决定你一生的幸福。

◆沉浸在坏心情中，是失败的开始，也是对生命能量的无形扼杀。

◆好心情让人对事物充满热情，对生活充满希望，做事时积极上进，自然会事事顺利。

## 快乐是思维的加速器

思维是人生的指挥官。没有思维，既不会产生任何意识也不会发起任何行动。没有思维，众多的天赋都会受到抑制，蓄而不发。每个人所接受的教育都旨在促进你的思维能力。思维能力在人生旅途中时刻发挥着效用。

思维能促使大脑进行抽象思考。例如，日常所说的“我爱你”这句话能传达并激发深层次的情感。人类还具有利用文字书面记录思想的能力。事实上，思维的天赋使得人类实现了许多引以为荣的目标，这些目标既有物质层面的又有精神层面的：从穴居山洞的古人第一次钻燧取火到科技最前沿的电脑芯片制作；从情感、信仰、价值观、道德准则到各类素质等。

可以说，是思维赋予了我们人性，我们唯一的精神创造力就是思维的力量。因此，不管我们有怎样的目标，想要克服怎样的困难，都要必须学会正确高效的思维。在这点上，快乐具有非同寻常的价值。只要保持快乐，就能加快思维的速度，并使问题都能通过积极的思维来解决。这样，当你遇到问题时，就能更容易找到解决的办法。倘若没有快乐，就会大大减弱积极思考的力量，导致难以擦出智慧的火花。

有一位毕业生在报上看到应征启事，正好是适合他的工作。第二天早上，当他准时前往应征地点时，发现应征队伍已排了 20 个人。

如果换作另一个消极悲观的男孩可能会因此而打退堂鼓。但是这个小伙子却完全不一样。他一向快乐乐观，因此，他认为自己可以迅速开动脑筋，运用上帝赋予的智慧想办法解决困难。就这样，他不去往负面的方向思考，而是认真动脑子去想，看看是否有法子解决。于是，一个绝妙的方法便产生了！

他拿出一张纸，写了几行字。然后走出队伍，并要求后面的男孩为他保留位子。他走到负责招聘的女秘书面前，很有礼貌地说："小姐，请你把这张便条交给老板，这件事很重要。谢谢你！"

这位秘书对他的印象很深刻。因为他看起来神情愉悦、文质彬彬。如果是别人，她可能不会放在心上，但是这个男孩不一样，他的笑容那样真挚灿烂，他快乐的情绪有一股强有力的吸引力，令人难以忘记。所以，她将这张纸交给了老板。老板打开纸条，看后笑笑交还给秘书，她也把上面的字看了一遍，笑了起来，上面是这样写的："先生，我是排在第 21 号的男孩。请不要在见到我之前做出任何决定。"

像上文中这样的会思考的男孩无论到什么地方都一定会有所作为。虽然他年纪轻，但是他的快乐加速了他的思维，使他知道如何去积极思考，去认真思考。他已经有能力在短时间内抓住问题核心，然后全力解决它，并尽力做好。

成功者的品质来源于快乐思维的力量，并且能够把这种力量转化为智慧。克服困难就必须学会让快乐加速思维，促使自己正面思考，从而使难题和失败均能通过积极思考来解决。

那么究竟应该怎样使自己能在快乐中加速思维呢？

### 1. 自我安慰法

这种方法启动了有益身心健康的心理防卫机制。在你的事业、爱情、婚姻不顺心时；在你无端遭到人身攻击或不公正的评价而气恼时；在你因生理缺陷遭到嘲笑而伤心时，你不妨自我安慰调适一下你失衡的心理，营造一个祥和、豁达、坦然的心理氛围。

2. 难得糊涂法

这是心理环境免遭侵蚀的保护膜。在一些非原则性的问题上“糊涂”一下，无疑能提高心理承受能力，避免不必要的精神痛楚和心理困惑。有这层保护膜，会使你处变不惊、遇乱不忧、镇定沉稳地对待生活中的各种紧张事件。

3. 随遇而安法

这是心理防卫机制中一种心理合理反应。培养自己适应各种环境的能力，随遇而安，凡事不苛求，满足多些，烦恼就少些，压力就小些。古人云：“吃亏是福。”其实，人生中生老病死、天灾人祸都会不期而至，用随遇而安的心境去对待生活，你将拥有一片宁静平和的心灵天地。

4. 幽默调节法

当你遭遇挫折或处于尴尬的境况时，可用幽默化解困境，维持心态平衡。幽默是人际关系的润滑剂，它能使沉暗的心境变得豁达、开朗。

5. 角色扮演法

连续三个月，每天都把自己当作一个快乐的人，微笑着出门，微笑着与人打招呼，努力去扮演一个快乐的人，努力像一个快乐的人一样去思考并行动。

6. 分享快乐法

大家都听过这句话：一个快乐和别人分享，成为两个快乐。分享快乐

能够让我们的快乐升级，这不仅有助于我们养成快乐的习惯，而且有助于增强我们的人际关系，同时还可以受到启发，以改进或加强某一练习。

英国著名诗人罗伯特·路易斯·史蒂文森说：“快乐会使一个人不受——至少在很大程度上不受外在条件的支配。”我们要做生活的主人，不做它的奴隶，就要让快乐成为我们的性格基因，加速我们的思维。故此，我们就不会因为受到其他方面因素的影响而失去快乐与幸福，烦恼也就自然会离我们而去，留下的都是满满的快乐和幸福，我们注定一生都会活在快乐与智慧当中。

### 杨安谈潜能量

◆生活，是一种选择，你可以选择苍白悲伤，也可以选择精彩快乐。

◆快乐是成功的催化剂，是通往幸福人生的捷径。

◆快乐可以开阔思维的疆土、改良思维的土壤，播撒出成功之种、种植好幸福之树。

## 抱怨与牢骚，只能让你的能量衰减

生活中有很多人喜欢抱怨和发牢骚，他们抱怨家人、抱怨朋友、抱怨上司、抱怨同事，仿佛只要与他有接触的事或人他都无一例外地抱怨和发牢骚，他们因为这些抱怨和牢骚每天都在灰暗的心情下度过。其实这些抱怨和牢骚不仅带给他们自身伤害，还会伤害他人。

抱怨和牢骚，只能让你的能量衰减。在抱怨和牢骚的天空下，每个人都不再轻松。

首先，抱怨和牢骚会使简单的问题复杂化。比如，当你在工作中受到不公正对待时，如果能通过恰当的方式提出来，本来有可能得到合情合理的解决，但如果你不分场合、不顾及影响，大发牢骚，就会使本来有理的事变成无理取闹，失去别人的支持。

其次，抱怨和牢骚会让人认为你是一个没有修养的人，使你在他们心目中的形象马上就会一落千丈。抱怨和牢骚还反映出一个人心地狭窄，度量有限，喜欢计较小事。有时，抱怨和牢骚还表现出一个人的怯弱无能。当一个人不能依靠自己的力量和智慧去战胜困难，于是就免不了怨天尤人、牢骚满腹。

此外，抱怨和牢骚还会加剧不良情绪，使人失去和困难做斗争的决心、信心和勇气。总之，抱怨是一种不良心理现象，只能让你的能量衰减，从而带来一系列不良后果。

一位伟人曾说："有所作为是生活中的最高境界。而抱怨则是无所作为，是逃避责任，是放弃义务，是自甘沉沦。"不论我们遭遇到的是什么境况，光是喋喋不休地抱怨和牢骚不已，都注定于事无补，还会把事情弄得更糟，而这绝不是我们的初衷。

没有任何抱怨和牢骚，不仅是一种平和的心态，更是一种非凡的气度，一种超凡的境界。种下牡丹不会收获蒺藜，播下龙种不会长出跳蚤。生活不仅需要我们有一双睿智的眼，也需要我们有一副矫健的身手，更需要我们有一颗热忱的心灵。时刻记住我们所做的一切都是为了我们自己，如此，我们就会以更高的标准来要求自己，以更宽的胸怀来对待别人，以更高的激情来对待生活。

当法国大文豪雨果被当权者驱逐出境，流落到英吉利海峡的泽西岛上时，也是他身患重病的时候。每当太阳快下山的时候，他都会坐在海港的一张长椅上，面朝大海，陷入苦思冥想之中。许久之后，他总是缓缓而坚定地站起来，在地上捡起一堆石头，一块块投入大海。投完了，就面带着微笑，一副变得豁然开朗的神情离去。

他每天的这一举动终于引起了人们的注意。一天，一个大胆的孩子走上前来问他："为什么你要到这里来，还向海里扔了那么多石头？"经过一会的沉默，雨果严肃地说："孩子，我扔到海里的不是石头，我扔的是抱怨和牢骚。”雨果最终战胜了抱怨和牢骚，没有让那无益的抱怨和牢骚夺取自己的斗志。他因而也战胜了逆境，创造了自己的辉煌，成就了自己的事业。

在生活中，如果总觉得周边一片黑暗，也许那是因为你自己背向太阳，遮去了太阳的光辉。请你转过身来，面向光明，然后，向雨果扔石头那样，扔掉那抱怨和牢骚的泪布！不要给自己太多的借口，这样，你就能睁开眼睛去发现生活中的美，给自己力量，去冲出逆境；你就能腾出手来紧握自信的刀剑，披荆斩棘，开拓前行的道路。

要克服抱怨和牢骚这种有害的心理，我们就得纠正自己某些错误的信念和观点。不对别人有过分的要求，哪怕是对自己最亲近的人。别人不可能按照我们的意志、喜好来行事，我们不可能主宰环境和他人，所以我们必须对自己的情感、生活负责。一个人如果把自己的命运、情感交给环境、交给运气或交给他人，那么，他时时都有受到伤害和产生怨恨的可能。

通过自我劝慰、自我开导、自我调适，使自己冷静下来，把问题想通、想透，这也是克服抱怨和牢骚心理的好办法。之所以会产生抱怨和牢骚，有时候固然与身边的不公正现象有关，但也与一个人的思想修养和认知方式有关。学会换位思考，找出更好的处理方法。保持一颗平常心，不被生活中的琐事侵扰。这样，就会有一种平和的心态，生活得更加理智，从而减少不必要的抱怨和牢骚。

荀子说：“自知者不怨人，知命者不怨天，怨人者穷，怨天者无志，失之己，反之人，岂不迂乎哉！”意思是说：有自知之明的人会选择生活的道路，时刻把握命运的主动权。面对现实生活中暂时不完善的地方，不要怨天尤人、牢骚满腹，那只能使能量衰减，我们应当看到自己的责任，脚踏实地，拿出实干的精神和勇气来，你的生活才会彻底地转向美好。

## 杨安谈潜能量

◆抱怨和牢骚不但于事无补，反而会使我们失去冷静、平和的心境以及前进的动力。

◆与其浪费时间去抱怨和发牢骚，不如节省时间去积极地行动。

◆停止抱怨和牢骚，付诸行动，收获成功。

## 学会情绪自控，别让坏情绪影响了你

每个人都希望自己天天拥有好情绪，可是事实上我们经常被坏情绪所笼罩。当我们情绪极度不好时，不仅损害身心健康，还很容易说错话、做错事，甚至会做出一些令自己终生后悔的事情。任何人都会有情绪不好的时候，问题的关键不在于不让坏情绪出现，而在于学会情绪自控，不要让自己长时间置身于消极的情绪之中而受到恶劣的影响。

迪克·托福勒是个传奇人物，他有明确的目标，白手起家创办了一家工业软片公司，有10名雇员。员工都钦佩他的聪明才智，却又都讨厌他的个性和脾气。

当工业软片业务不好时，托福勒开始与电视台合作制作电视片。当双方在任用一名导演的问题上发生分歧时，托福勒不善于与电视台主管相处和沟通的缺点就充分暴露出来了。他对自己的情绪不予控制，当众斥责导演，用对立的口气与电视台的领导人说话。结果，电视台在这件事情的10天之后，结束了与他的合作，并且表示永远不再与托福勒这种人做生意。

由于公司创业初期的前5年是由他一个人管理，也没有什么对外合作，所以他的这种缺点对公司还不是很致命的，但是当对外合作项目成为公司生存的关键业务时，不懂与人合作，不善于沟通，不会控制自己的情绪，就成了葬送托福勒未来的关键因素。托福勒的公司终于在创业的第6年倒闭了。

如果一个人不会情绪自控，就好像缺少了一切。不会情绪自控使他没有耐心，没有掌握自己的能力；使他因坏情绪的影响而不能自持，导致难以预料的失败。

2006年世界杯足球赛的决赛中，法国球星齐达内在加时赛的最后10分钟用头撞向对方球员，用一张红牌为自己的世界杯生涯画上了句号，并导致整个球队把冠军拱手让给了意大利。据说当时他是由于受到对手的挑衅而过于冲动，才使自己的情绪失控。一失足成千古恨！

即使一个人很多方面都优秀，如果没有情绪自控能力，这块人生的大“短板”都会让他备受煎熬，难以摘取成功的果实。成功者总是善于控制自己的情绪，不会轻易被人影响。即使是被他人影响，他们也会想出各种方式快速控制自己的情绪，平衡协调好自己的心理，从而不使自己的事业或生活受到损害。

那么，怎样才能学会自控坏情绪这个破坏我们舒适、幸福和阻碍我们成功的敌人呢？

## 步骤一：细心观察

观察是转换情绪的第一步，如果你发现不了有可能助长不良情绪的因素，那么就等于为负面信息提供了一个助长的培养基，坏情绪随时可能突然爆发。

生理学家经过多年的研究发现，当坏情绪入侵的时候，身体首先会做出如下反应：如肌肉紧绷、声音颤抖、手脚冰凉、呼吸急促等。这些症状都是在压力下促使荷尔蒙肾上腺素增加的结果。当你发现自己具有上述任何一种特征时，就要实事求是地进行反思，从而找到事情的根源所在。

除此以外，当你突然对工作和生活环境感到不适的时候，应该及时警醒，并且查找客观环境中究竟是什么引起自己身体的不舒适，并且理性地分析当前境遇，尽快地将不良情绪“扼杀”在萌芽状态。

## 步骤二：转换情绪

当你感觉坏情绪即将来临或者愈加强烈的时候，就要尽快地进行情绪转换工作。心理学家根据多年的研究发现，以下几种方式可以有效消除负面情绪，将其转换为正能量：

方式1：深呼吸

深深地吸入氧气可以中和坏情绪所带来的心跳加速、身体颤抖等症状，慢慢吐出气息，则会让人体产生一种放松的感觉，从而更加容易将身心平静下来，转向正面情绪。

方式2：紧握拳头

当你感到紧张、焦虑或者手足无措的时候，不妨将手紧紧握成拳头状持续3~5秒钟，随后猛然松开。这时，你会感觉肌肉比较放松，焦虑的感觉有所缓解。此时，你可以进一步选择体验这种相对平静的情绪，然后开始创造另外一种更加安逸、和谐的状态。

方式3：逃离

用“明知山有虎，偏向虎山行”的方法来对付坏情绪是行不通的，当你发觉身体里的负面情绪即将爆发的时候，不妨选择离开，逃离这个令你感到不适的情景。确切地讲，此时的逃离是一种明智的做法，是一种健康的策略，它可以应付难以抑制的负面情绪，有助于进行正面情绪的转换工作。

方式4：运动

在各种改变情绪的自助技术中，以耗氧运动最能消除坏情绪。研究人员强调指出，由于化学的和其他的各种变化，使运动可与提高情绪的药物相媲美。家务劳动等体力活动的效果很差，关键在于做耗氧运动，如跑步、骑自行车、快走、游泳和其他重复性持续运动，可以增加心率加速血液循环，改善身体对氧的利用。这种运动每次至少进行20分钟，每周进行3~5次。

## 方式5：利用颜色

纽约颜色心理学家帕特里夏·捷尔巴说："就像维生素是身体的营养品一样，颜色也可以成为精神的营养品。"

为消除烦躁与愤怒，避免接触红色是有好处的，为了抗忧郁不要穿黑色、深蓝色等使情绪沉闷颜色的衣服，也不要置身于这种颜色的环境之中。应该寻找温暖、明亮、积极的颜色，以使情绪轻松。为减轻忧虑与紧张，应选择中性的颜色，以取得镇定、平静的效果。

## 方式6：正确择食

食物与情绪有着重要的联系。如南瓜、香蕉、菠菜、西红柿、绿茶等都有益于抗压和抵制坏情绪的侵袭。

## 方式7：增加照明

美国心理卫生研究所发现，有些人易发生冬季忧郁症，这是一种季节影响病，是因缺少光照引起的。只要每天增加2～3小时荧光灯人工照明，情绪就会好起来。

以上这些方法大家都不妨常常试一试，会让我们的情绪在不知不觉中变好。

## 杨安谈潜能量

◆为什么不养成一个兼容你思想之友而非思想之敌的好习惯呢？为什么不养成一个兼容真、善、美而非它的反面事物的好习惯呢？

◆学会专注于真善美，而非假恶丑；学会专注于和谐，而非混乱不堪；学会专注于生，而非专注于死；学会专注于健康，而非疾病，就容易形成健康的思想习惯。

◆要驱除黑暗，就要使生命充满阳光；要避免混乱，就得追求和谐；要使头脑戒绝错误，就得不懈追求真知；要远离邪恶，就得思索美好。

## 多说一些乐观的语言，持续好心情

有心理学研究显示，一个人的内心情况如何常常会体现在他说话时的用词上。看看下面乐观者与悲观者争论的几个问题你就清楚了。

第一个问题：希望是什么?

悲观者说："是地平线，就算看得到，也永远走不到。"乐观者说："是启明星，能告诉人们曙光就在前头。"

第二个问题：风是什么?

悲观者说："是浪的帮凶，能把你埋葬在大海深处。"乐观者说："是帆的伙伴，能把你送到胜利的彼岸。"

第三个问题：生命是不是花?

悲观者说："是又怎样，败了也就没了。"乐观者说："不，它能留下甘甜的果实。"

第四个问题：春雨好不好?

悲观者说："不好！野草会因此长得更疯!"乐观者说："好！百花会因此开得更艳!"

可见，在一颗充满了悲观情绪的心中，世界永远都是灰色的、坏的、没有希望的。悲观者通常有一个悲观的"解释事物的方式"，即悲观者遇到挫折时，总会在心里对自己说："生命就这么无奈，努力也是徒然。"由于常常运用这种悲观的方式解释事物，看待事物也就会从不好的一面去看。可以说悲观情绪对人们行为的影响非常大，因为人们内心的想法会作用于生理，当你认为你的行为会失败时，这个想法常常会在你的行动上表现出来，所以悲观情绪严重的人总是更容易失败，且更容易忧郁，更容易感觉到压力。

其实要改变这种现状，并不是太困难的事，你只需有意识地要求自己使用更多的乐观语言，它就能常常带给你持续的好心情，激发出你无数的动力。

这就是语言的科学——我们所说的每一句话都是一个自我表达的过程，而每一次的表达都会促使我们的身体细胞产生某种倾向。这种倾向可能是思想上的，也可能是身体上的，也可能是性格上的。不管这种倾向发生在哪里，总有一天它会爆发。我们的自我表达其实在很大程度上决定着我们要去向哪里，能做出什么样的成绩，又如何处理生活中的各种状况。

如果我们在言语中表达出疾病或失败的倾向，我们就会不自觉地向着疾病与失败的状态靠拢。如果这种倾向非常强烈，我们身体机制的各种动力就会一齐朝着这一方向涌动，向着生病与失败的目的努力，或者以此类状态为原型，力图使身体机制达到相同的状态。

如果我们在言语中表达出健康、幸福、力量、成功等倾向时，我们就会向着这些方向努力，并通过相同的方式使我们的身体机制达到类似状态。

所以，大家首先需要记住的是：我们一定要说乐观向上的话。

如果想要做成什么事情，先不要管实际情况是怎样的，我们一定要先断定："我们能做到。"这样我们的脑系统就会立刻捕捉到相关的重要信息。RAS 是指脑干中的网状神经系统，它能够自动将我们所关注东西的相关信息捕捉到大脑中。

例如，对于一心想要去创业的人来说，他的头脑中肯定在反复强调："我要创业。我一定可以创好业！"于是，不管是走在路上的时候，还是在看报纸的时候，甚至在上网的时候，他的大脑都会不自觉地去搜索相关的创业信息，并且通过分析得到对自己有利的信息。这样一来，即使有资金不足之类的障碍，他也一定会想出好的办法。RAS 不仅仅搜索外部信息，还能把搜索出来的信息深藏在个人的遗传基因里，带给你源源不断的"灵感"与"妙招"，让你去扫除障碍。

所以，只要持续使用非常乐观的话语，就能积累起相关的重要信息，于是在不经意之间，你就已经行动起来，并且逐渐把说过的话变成现实。

当然，在一个人身体状况不佳，或正遭受不幸的时候，很难乐观，而容易说出“心情很不好”，“牙疼得不得了”，“失恋了很难过”等话来。

这种时候，我建议你在不慎说出消极的话以后，不要就此结束，最好有意识地加上一句乐观的话。

比如说，遭遇失恋后，多数人都会不由自主地说什么“好痛苦啊……再也不要谈什么恋爱了”，“我不会再找什么恋人了”等消极的话。如果这个时候，能在后面加上：“不过，多亏与他（她）分手了，我才能重新找到真爱。”或“不过，这一定是上天在指引我通往更好的方向。”这一句话就能阻止消极想法被灌输到潜意识里。

身体状况不令人满意的时候也一样。“太热了，全身又懒又乏。不过这才像夏天嘛。今晚的粥一定格外好喝。”“计算机用多了，肩膀发僵，酸疼酸疼的。不过，这也是我努力工作过的证据啊。”

同样，这种方法也适用于与别人的交流当中。

上司询问下属“销售成绩如何”的时候，一个部下回答：“市场这么不景气，销售情况怎么可能会好呢？”另一个部下回答：“因为市场不景气，所以目前还不是很理想，不过我会努力的。”这种情况下，你认为上司会对这两个部下各有什么评价？所以说，积极的语言也是提升工作运和拓宽人际关系的关键因素。

决定话语的内在生命力是建设性还是破坏性的因素有很多，其中最重要的是语调、话语动机与话语内容。我们说话的语调必须和谐、悦耳、富有生气，听起来要严肃、恳切。

牢骚、抱怨、讥讽、自负等话语属于缓解尴尬的局面，经常就会拿天气做话题，说些像“天儿可真热”“这个鬼天气”“什么破天气”“怎么这么冷”等类的话。但是这样的话语并不会使天气发生任何改变，也就没有任何价值，说了又有什么用。

我们尽可以这样、那样的理由抱怨天气，但对天气能产生什么影响呢？什么影响也没有。但对人的影响呢？也没有吗？怕是有的，而且一定有。我们一旦宣布什么东西太可怕了，恐惧的情绪立即就会传遍整个神经

系统，后果看似并不明显，但绳锯木断，水滴石穿，一点一滴积累起来，后果就会变得不堪设想。

每一句话都有其内在的生命力，这就是话语的潜能量。正是这一力量的性质决定了话语于人是否有益。这种力量可能具有建设性作用，也可能具有破坏性作用；可能是积极向上的，也可能是消极堕落的；可能有助于我们实现自己的人生目标，也可能会起阻碍作用。

因此，我们不能想说什么就说什么，在说话之前先动动脑子，多说一些积极的、正面的话。而且无论我们说了什么，都最好能以乐观的语言作为结束语，然后再加上自我暗示，慢慢地就能习惯成自然地让乐观语言成为你的语言习惯，这样，你的心中就会充满喜悦，身体也会积聚起力量，向着更加美好的生活努力，创造出更加美好的明天。

### 杨安谈潜能量

◆语言就如同把飞机带到目的地的自动引擎，只要按下按钮，它就能把我们带到目的地。

◆在我们的话语中，如果可以感觉到成功，就可以激发我们体内的创造力为成功创造条件；反之亦然。

◆话语的性质决定我们前进的方向，同样都是话语，有些可以让我们变得冷静、沉着，而有些则只会增加混乱与不和谐，二者之间做一个选择，我们还有什么好犹豫的呢？

## 小动作也能调动自我的情绪细胞

很多人都觉得做一个快乐的人是一种很奢侈的要求，每个人都是整天为了工作和生活忙忙碌碌，被各种大事小情所羁绊，或懊恼或忧虑，真正能做一个快乐的人实在是太少了。想要快乐，真的那么难吗？其实不然。

若要做一个能快乐应对一切的人，只需要一些小动作，就能调动自我的情绪细胞，使自己快乐起来。

### 1. 眼轮活力法

眼睛直盯着前方，下眼皮慢慢地往上提起，让眼轮肌得到有意识的活动，保持眼睛没有完全闭上的状态（眯眼）5 秒钟，慢慢恢复到刚开始的状态。这样可以明目提神，集中注意力。

### 2. 耸撇鼻翼法

把唇轻轻张开。在眉毛不动的情况下，在 5 秒钟内上耸鼻翼，保持 5 秒钟；慢慢恢复到自然状态，把唇合上；在 5 秒内嘴向下撇，把鼻下部分往下拉，保持 5 秒钟；慢慢恢复到自然状态。这个方法的好处是醒鼻通气，舒缓压力，增强思维能力。

### 3. 唇角上提法

双唇轻轻合在一起，两端慢慢向上提起；左口角恢复到自然状态，右口角在 5 秒钟内斜着向上提起。保持 5 秒钟，同时闭上眼睛。最后恢复到自然表情。

### 4. 手指弹桌

将双眼轻轻微闭，哼着你喜欢的小曲、京剧或念着诗词，用你的手指有节奏地敲打桌面就能缓解抑郁情绪。

十指肚皆是穴位，最能开窍醒神，一直被历代大医当作高热昏厥时急救的要穴。十指的指甲旁各有井穴，《黄帝内经》上说："病在脏者，取之井。”古人以失神昏聩为“病在脏”，所以刺激井穴最能调节情志，怡神健脑。因此，只要你闭上眼睛，轻轻地在桌上一敲，手指的微痛立刻会让你重新找回“心力”，这是人体中最宝贵的力量。

### 5. 按压太阳穴

太阳穴位于眉梢与眼外眦之间向后1寸（1寸=3.3厘米）许的凹陷处。当人们患感冒或头痛的时候，用手摸这个地方，会明显地感觉到血管的跳动。用指按压这个穴位，对脑部血液循环产生影响。不光是烦恼，对于头痛、头晕、用脑过度造成的神经性疲劳、三叉神经痛，按压太阳穴都能使症状有所缓解。

按压太阳穴时要两侧一起按，两只手十指分开，两个大拇指顶在穴位上，用指腹、关节均可。顶住之后逐渐加力，以局部有酸胀感为佳。产生了这种感觉后，就要减轻力量，或者轻轻揉动，过一会儿再逐渐加力。如此反复，每10次左右可休息较长一段时间，然后再从头做起。

### 6. 双手合十

我们知道佛家对人表示问候和尊重时，都会双手合十。其实，从中医的角度来说，双手合十其实就是在收敛心包。双手合十的动作一般停在膻中这个位置，那么掌根处正好是对着膻中穴。这样做，人的心神就会收住，一合十，眼睛自然会闭上，因为心收敛了，眼睛自然也会收敛。

### 7. 拨心包经

腋窝下面有一根大筋，用手掐住然后拨动它。每天晚上拨10遍。这样坚持下去就可以排去郁闷和心包积液，增强心脏的活力，从而增强身心的代谢功能。

## 8. 巧做放松

从紧锁眉头开始，然后放松。缓慢地呼吸，再做收缩肌肉和放松的动作，比如下颚、鼻周、嘴唇、双肩等，直到双脚。做完之后，全身会感觉很松弛。

## 9. 触摸光滑的物体

有的人在烦躁时，会捻弄自己的头发。虽然这样做可以使你从压力中解脱，但是会产生疼痛、脱发等副作用。因此，可以用触摸光滑的石头或者其他物体，来帮助减压。

例如：玩玩自己的笔、打火机等。利用自己身边的东西，做反复的动作，就可镇静、松弛紧张的情绪，获得意外的效果。

在日常生活中，利用小动作放松紧张情绪的例子不胜枚举。一些伟大人物，在历史的紧要关头，也利用这种技巧处变不惊。日本海空军偷袭珍珠港，美国太平洋舰队全军覆没的消息传到白宫，将军们气急败坏地跑到总统办公室时，他们惊奇地看到：罗斯福总统正在平静地摆弄他的集邮册，而几小时以后，他就作出了震惊世界的决策。

我们如果能像罗斯福总统那样，把无意识的小动作意识化，的确可以收到调动自我的情绪细胞、松弛紧张情绪的效果，所以在不良情绪干扰你时，别忘了这些方法。

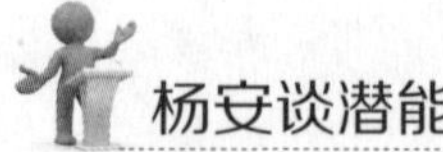

### 杨安谈潜能量

◆利用有意识的动作来改变我们的心情，是一种对待困难和挫折的有效方法。

◆身体动作在对人体细胞的调动、对情绪调整乃至人际沟通中都有着

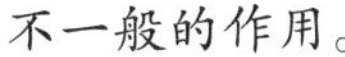

不一般的作用。

◆让别人快乐是一种慈悲，让自己快乐是一种智慧。

## 对任何事都保持乐观的心态

我们许多人都曾经为了失去的金钱、工作、地位、爱情等而伤心啜泣，乐观的人却对繁杂的事情总是很看得开，他们认为：一个人用什么样的态度对待人生，生活就会以什么样的态度来对待他。他消极，生活就会暗淡；他积极向上，生活就会给他许多快乐，帮助他摆脱困境。所以他们对事物的心态就是：人生在世快乐为本，不管从事什么职业，也不管曾经取得过多么辉煌的成就，对任何的一件事都保持乐观的心态，就会不骄不躁、泰然处之，从而怀着对未来无限的希望开始更加美好的创造。

马歇尔·霍尔医生曾对自己的病人说过：“乐观的态度是你最好的药。”

所罗门也曾说：“乐观的心态就是最强劲的兴奋剂。”

乐观就像心灵的一片沃土，为人类所有的美德提供丰富的养分，使它们健康地成长。乐观使你的心灵更加纯净，意志更加坚强。它像最好的朋友一样陪伴着你的仁慈，像尽职尽责的护士一样呵护着你的耐心，像母亲一样哺育着你的睿智。它是道德和精神最好的滋补剂。

成大事者对任何一件事都会保持乐观的生活态度，选择了乐观的生活态度，你就选择了量力而行的睿智和远见，就学会了审时度势、扬长避短，就学会了把握时机。

有个大臣因智慧超群而深受国王宠幸。他有一个不同寻常的特点：对待任何事情，他都保持积极乐观的想法。也正是由于这种态度，他为国王了结了不少难题，因而深受国王的器重。

国王喜欢打猎，但在一次围捕猎物的时候，不慎弄断了一截手指。国王疼痛之余，马上叫来了智慧大臣，征询他对意外断指的看法。智慧大臣仍轻松自在地对国王说：“这是一件好事，并劝国王不要为此事而忧伤。”

国王听了很生气，认为智慧大臣是在取笑他，即命侍卫将他关进监狱。

待断指伤口愈合之后，国王又兴致勃勃地忙着四处打猎。不幸的事终于发生了，他带队误闯入邻国国境，被埋伏在丛林中的野人捉住了。

按照野人的惯例，必须将活捉的这队人马的首领敬献给他们的神，于是便将国王押上祭坛。正当祭奠仪式要开始时，主持的巫师突然惊叫起来。原来巫师发现国王断了一截手指，而按他们部族的律例，献祭不完整的祭品给天神，是要遭天谴的。野人赶忙将国王押下祭坛，把他驱逐出去，另外抓了一位大臣献祭。国王狼狈地逃回国，庆幸大难不死。忽然，他想起智慧大臣说断指也许是一件好事，便马上将他从牢中释放出来，并当面向他道歉。

智慧大臣和往常一样，仍然保持着积极乐观的态度，笑着原谅了国王，并说这一切都是好事。

“说我断指是好事，现在我能接受；但如果说因我误会你，而把你关在牢中，让你受苦，你认为这是好事吗？”国王不服气地质问。

“臣在牢狱中，当然是好事。陛下不妨想想，今天我若不是在牢中，陪陛下打猎的大臣会是谁呢？”智慧大臣笑着回答。

当乌云布满天空之时，悲观的人看到的是“黑云压城城欲摧”，乐观的人看到的是“甲光向日金鳞开”。于是，悲观的人先被自己打败，然后才被生活打败；乐观的人先战胜自己，然后才战胜生活。

悲观的人，所受的痛苦有限，前途也有限；乐观的人所受的磨难无量，前途也无量。在悲观的人眼里，原来可能的事也变成不可能；在乐观的人眼里，原来不可能的事也能变成可能。

悲观只能产生平庸，乐观才能造就卓越。因此，无论遇到多么难办的事，我们都要保持积极乐观的心态，相信一切问题都会解决的。

当然，人世间，并非无烦恼就快乐，并非快乐就没有烦恼，所以，凡事保持乐观的态度并不是件容易的事情。

那么，我们如何才能对任何事情都保持乐观态度，收获愉快的生活呢？

### 1. 树立正确的人生态度

正确的人生态度能够指引你在困境中找到正确的方向。同一件事情，态度不同的人会采取完全不同的处理方法，而其处理结果也会大相径庭。具有良好的人生态度能够帮助你稳定地处理各种问题，解决各类困难。

### 2. 不要过分追求完美

我们在做一件事情的时候，应该做好足够的心理准备去面对可能遇到的不顺利和不完美，在制定目标的时候量力而行，使自己有较大的把握达成目标，这样你的心情就能保持愉悦。

### 3. 盯住积极的一面

一个装了半杯酒的酒杯，是盯着香醇的下半杯，还是盯着空空的上半杯？从篱笆望去是看到了黄色的泥土，还是满天的星星？以不同的角度去看待身边的事物，就会收到不同的效果。

### 4. 转移注意力

当情绪低落时，不妨去访问孤儿院、养老院、医院，看看世界上除了自己的痛苦之外，还有多少不幸。如果情绪仍不能平静，就积极地去和这些人接触；和孩子们一起散步游戏，把低落的情绪转移到帮助别人上，并重新建立起信心。通常只要改变环境就能改变心态和感情。

### 5. 与乐观主义者交朋友

最不足以交往的朋友，是那些悲观主义者和一些只会取笑他人的人。好朋友，应该是把“没有什么大不了”挂在嘴上的人，因为可以从他身上学到积极的思想和情绪。

### 6. 听听愉快、鼓舞人的音乐

不要向诱惑屈服，不要浪费时间去阅读别人悲惨人生的详细新闻，要看看与职业及家庭生活有关的当地新闻。在开车或上班途中听听电台的音乐或音乐 CD。晚上不要把时间浪费在电视机上，而是用来和你所爱的人谈谈天。

### 7. 改变习惯用语

让唇齿只流淌出积极的语言，拒绝任何悲观的话语。

### 8. 观赏积极健康的影视节目

观看介绍自然美景、家庭健康以及文化活动的电视片；挑选电视节目及电影时，要根据质量与价值，而不是注意商业吸引力。

### 9. 保持真挚的笑容

人们常常是在迷失后才翻然醒悟乐观心态的重要性。悲观的情绪就如一剂有隐性的毒药，慢慢地发作毒性，从刚开始毒化思想、心灵到后来毒化头脑和行动。它也会使笑容发生转变，从刚开始的一日三笑到后来的麻木而笑。而如果将之倒过来，刚开始是麻木而笑到后来是一日三笑，这便是乐观心态的一个明显的特征。笑是一味实用的良药，笑可以化解一时的尴尬或窘迫，笑可以使一个原本忧郁低沉的人轻快起来。

## 10. 要有仁爱之心

只有博爱的人才会懂得善待自己，善待他人。一个乐观的人，当他面临苦难和不幸时，绝不自怨自艾，而是以一种幽默的态度、宽恕的胸怀来承纳。一位哲人说过："一个人若能将个人的生命与人类的生命激流深刻地交流在一起，便能欢畅地享受人生至高无上的快乐。"

## 11. 寻找特殊的解释方式

不良的心境有一种顽固的力量，往往不易摆脱。当一个人心境不佳时不要过分独自地冥思苦想，最好将自己的心事倾吐出来，或是转移到其他的事情上去。

## 12. 有正义感

在生活中诚实和富有正义感，朋友们就会乐于帮助你。

## 13. 能屈能伸

对待人生的态度应该是处之泰然，人的一生会遇到意想不到的打击或其他不幸，要客观对待、随遇而安。

## 14. 宽恕他人

自己受到不平等待遇时，学会宽恕和同情他人。

## 15. 坚守信念

当做任何事情时，都必须坚守个人的信念。

## 16. 心境开朗

只要牢记实践，快乐就会永存心间。

乐观是一种积极的处世态度，当你“山穷水尽”的时候，乐观还是一笔巨大的财富，你完全可以依靠这笔财富重整旗鼓。因此，平常可多认真进行乐观的心理训练，进行适当的心理调整，自然就会摆脱忧愁的阴影和消极意识，轻装上阵，以乐观、自信的心理直面和处理好人生的任何事情。

### 杨安谈潜能量

◆从卓越的人那里，不难发现乐观精神；从平庸的人那里，很易找到阴郁的影子。

◆人生之路，由心描绘。因此，无论处于怎样的严酷环境，都不应被悲观萦绕。

◆一切的和谐与平衡，健康与健美，成功与幸福，都是由乐观积极的心理产生的。

# 第八章

# 要求与危机意识的力量

学会正确地看待生活、工作中的种种压力，把这些压力变成激励我们前进的动力，而不是阻碍我们发展的障碍；将危机意识当成点燃潜能的火星，让它引爆我们的巨大潜在能量，压力和危机意识就一定能推动我们前进，使我们变得更卓越。

## 不是我们做不好，只是缺少要求

俗话说得好："不患无策，只怕无心。"生活中，我们常常会觉得有些事情困难重重，自己难以承担，无法做好。其实，根本不是我们做不好，而是我们缺少对自我的要求。

一个人一旦有了自我要求，就有了做好事情的激情和动力，做起事情来的时候就会积极主动、用心。如果没有自我要求，也就不会有主动性、自觉性。不愿承担责任，不讲责任，不敢承担责任的行为，一定会在处理事情上敷衍了事、庸碌无为；明哲保身、患得患失；随心所欲、弄虚作假；畏手畏脚、错失良机。

一个自我要求强的人，就会在其位、谋其政、负其责、行其权，就会把精力集中在发展上，积极主动地出主意、想办法、拿措施，在执行当中就会真正做到没有任何借口、不谈任何条件、不讲任何代价、不发任何牢骚、不计任何得失。反之，如果一个人没有自我要求，就会在其位不谋其政，只想谋私利不想做事，遇到矛盾绕着走，碰到问题不解决，该管的不管，对职责范围内的事情该抓的不抓，结果就会困难越来越大，发展越来越慢，问题越积越多。可见，根本不是我们做不好事情，而是我们缺少对自我的要求。

自我要求是一种可贵的人格品质，是一种强大的精神力量，它潜藏在每个人的生命力量中，在人们成功和获得财富的路上有着重要的作用。

我们都知道人的情感和心绪都是随时产生的，不能计划和预测。而一个人的情绪会对自身的行为产生很大的影响，没有自我要求精神的人很容易被情绪所控制，做出离谱的事情，而有自我要求精神的人，则能控制自己的情绪，避免导致不利结果的行为出现。

面对相同的事情，有的人情绪波动得特别激烈，而有的人却能够比较理性，这其实与一个人的自我要求有莫大关系。由于情感在很大程度上是自发形成的，因此，自我要求对于情绪的作用，最终会体现在行为上。

一个具有自我要求精神的人，无论受到外界事件的多大刺激，都能把握住理智的方向盘，不被情绪冲昏头脑；在面对各种诱惑的时候，也能表现出自己理智的一面，不会轻易放弃自己的自我要求。而缺乏自我要求的人，就会轻易放纵自己的行为，从而走向低级的原始欲望，走向颓废和堕落的深渊。

如果一个人不能自我要求，那么他就不能很好地克服自己的缺点，更谈不上驾驭自己的未来了。很多人都会在生活中不自觉地放纵自己：星期天的早晨，闹钟响了，该起床去锻炼了，可今天实在想睡个懒觉，就对自己说“再睡会儿吧”；下班回来，吃完晚饭，本来想看会儿书，可一打开电视，电影频道正播放一部经典大片，马上给吸引住了，读书计划就这样泡汤了；周末本想带着孩子去动物园，可邻居找上门来说“三缺一”，救场如救火，再说自己真的好久没玩过了，去吧……

在不少人身上，这样的事情经常发生。生活中到处充满了这样的随意性。如果不能自我要求，时间就会在自我放纵中浪费，这是不是太可怕了？这样，不仅在工作过程中不能管理好自己的时间，也必然会对未来的事业产生不利影响。因此，做好事情的前提是提高自己做事的要求，按照重要程度安排好自己的每一天，高效利用每一天，争取每天都有新的收获与所得，这样才有可能获得长远的发展。

作家尼科尔斯在他的自传里讲到他和英国前首相丘吉尔见面的事。

丘吉尔问他："你是不是每天都抽出时间来写作?"尼科尔斯说："我发现那样很难办到，一定要等到有灵感、高兴的时候才行。"丘吉尔说："废话！你应该每天9点钟走进书房并对自己说，我要写出5000字来。"尼科尔斯说："要是进了书房，自己写不出来，或胃不舒服，或头痛了，怎么办?"丘吉尔说："这些问题你要想办法克服，如果你等灵感出来，或许等到头发白了它也不会来。你一定要鞭策自己，激励自己，一定要按照计划去做，没有其他的路可以选择。"丘吉尔认为，只要严于律己，就能成功。

丘吉尔本人就是这样做并因此成为闻名世界的人物的。

世界上那些成功者，毋庸置疑地都是具有顽强自我要求精神的人，他们能坚持自己的梦想，能付出别人无法想象的努力。每个人都有惰性，如果放纵自己的惰性，就会失去成功的机会，唯有那些能够克服自己惰性的人，才能获得真正的成功。

想想看，如果你能付出那些成功者十分之一的自我要求，恐怕你已经成功和富有了。因此，与其感叹做不好事情，而与成功幸福无缘，不如反省一下自己是否有足够的自我要求吧！要知道如果没有自我要求的精神，即使你中了大奖，过上了安逸的生活，在你毫无节制的挥霍之下，你终究难逃一贫如洗的命运。

自我要求在人的一生中的作用是非常大的，它能激发出你强大的力量，能够让你坚持自己的梦想，进而取得成功。因此，只要你想改变自己，那么就从现在开始行动吧，只要你有足够的自我要求精神，就能拥有坚定不移的决心和意志力，就没有什么是不能改变的。

## 杨安谈潜能量

◆学会自我要求，任何时候都不放纵自己，就能管理好自己的人生，逐步走向成功。

◆人生架构因自我设定而变，因此自我要求是种从最大设限中展现最大自由的艺术。

◆自我要求，能使人抗拒难拒之诱惑，自主决定行为方向，排解各种干扰，还有着他人望尘莫及的毅力，这正是成功所必不可少的。

## 等别人要求自己，不如自我要求自我

有人说，没有压力就没有动力。我们总是习惯于依赖外界的压力和要求来约束自己，我们似乎一直都习惯于在别人的监督下工作。从学习到工作，也许我们都习惯了有人在一旁监督我们，习惯了有人给我们压力，一旦压力减少了，我们做事的能力也就随之减少；反之，则会随之增加。这种心态就表明我们缺少自我管理、缺少自我要求的能力，不能掌握自己的命运，而这必然会成为阻碍我们取得成功的绊脚石。

在哈佛大学，曾经发生过这样一个故事：一向为大家所爱戴的教务长伯立格先生有一次问一个叫史密斯的学生：“为什么你没有把指定的功课做好?”

那学生回答：“我觉得不太舒服。”

教务长就说：“史密斯先生，我想，有一天你也许会发现，世界上大部分蠢事，都是由觉得不太舒服的人做出来的。”

教务长的话意味深长。以不舒服为借口，今天可以逃避写作业，明天可以逃避上课，那么久而久之，当其成为一种习惯，就会以更多的借口来逃避任务、逃避挑战、逃避进步，那么何谈未来的发展呢?

想想每天发生的事情，有多少是因为自己“不舒服”而没有完成的?一点不舒服，就使得人有了懒惰的理由，不是不能做，而是不想做；甚至不需要身体不舒服，我们心上首先“不舒服”起来，没有外在的要求就不

肯动脑，不肯努力，不思进取。

这样没有自制力的人，每天都在荒废着时间，每天都在浪费着生命。那么当别人取得成就的时候，他们只会瞪大眼睛说：“哎呀，他有个好老师，教了那么多东西。”“他有个好领导，特别会带新人。”或者“他那家公司制度十分完善，很会培养人”。

为什么平时那么懒惰，可是找借口的时候思维这么活跃呢？归根结底，原因只有一个，他没有成功，因为他不会自己要求自己，只想着等着外界来要求自己，那么他永远只是生活的奴隶，做不了自己的主人。

1997年，年轻人毛永刚进入微软中国研究开发中心时负责开发word，当时他只有一个大概的资料，没有人告诉他该怎么做，该用什么工具。他试着与美国总部交流沟通，可是得到的答复是一切都要靠自己去做。

一起进来的同事们看见公司这么松弛，正好乐得偷闲做点自己的事情，反正领导们也不会管，做个自由人多快乐！可是毛永刚不是如此。他深知在学校有老师管着你，有功课管着你，可是走向社会、走向工作岗位，就只能自己管理自己！领导不会时时刻刻盯着你，督促你做这做那，他只会分配任务，并只需要结果。至于过程怎么努力，那是自己的事情了。你可以选择懒惰，反正没人理、没人管，那就放任自流吗？结果不言自明，任务不出色，领导迟早会让你走人，让你真正成为“自由人”。

工夫不负有心人，毛永刚在不懈的努力下，终于成功开发了一系列产品。如今他已经是微软中国研发中心的部门经理，回忆进入微软的那段日子，他特别感谢那段“没人管”的经历，因为这可以充分发挥主动性，让自己有很强的责任感，别人给你的自由，你要学会拒绝，学会在没人管的情况下，自己管理自己，这样才能在别人嬉戏的时间里，不断学习、不断进步。

如果等着别人要求，就意味着一味将自己的命运交由别人主宰，我们丧失的，将是自己独创天地的能力，是改变人生的雄心，是实现飞跃的机遇。否则我们就只能一味的平庸下去，成为芸芸众生中黯然的一员，如此只能算成活，何谈成功！

我们的奋斗应是为了自己的梦想，眼中只有自己的梦想，并为之不懈努力才是真正的成功。

理查·狄维士说过：“没有自我要求的人生是没有希望的。只有设定了自我要求，人生才会有意义。”博恩·崔西也说：“成功就是自我要求的实现，其他都是这句话的注解。”

有自我要求的人就好像在茫茫大海上有罗盘的船只，有明确的方向。我们每个人都渴望成功，都渴望实现自由，都渴望能干自己想干的事，去自己想去的地方，然而要成功就要达到自己设定的自我要求或是完成自己的愿望，而没有自我要求的人就好像没有罗盘的船只，不知道前进的方向；而没有方向的船只只能跟随着有方向的船只走。

让我们来看看历史上那些成功的人，拿破仑、达·芬奇、莫扎特、毛泽东等，哪个不是因为有着严格的自我要求才成功的？正是不等着别人来要求而是严格自我要求，才让他们懂得自己要追求什么并应该付出怎样的努力；正是不等着别人来要求而是严格自我要求，才让他们在没人管的自由状态下，自己更好地管理自己，有条不紊地实施自己的计划；也正是不等着别人来要求而是严格自我要求，才使得他们没有成为时间的奴隶、没有成为别人管理的对象、没有成为规定和条例下死板的牺牲品，而是成为了自己的主人，并最终成为了成功的主人。

显然，不是成功了才设定自我要求，而是设定了自我要求才成功；等别人来要求自己，不如自我要求自己。

莫将人生之舵交由他人掌握，自己严格要求自己，做一个成功的人！

## 杨安谈潜能量

◆能够不等别人要求而自我要求的人，就能克制自己的情感和心绪的冲动，不让消极行为产生，从而拥有卓越的力量。

◆总是在别人的意志、要求和约束下来做事情，还有自我吗？还有主动力吗？还有自由意志吗？

◆每个人都是自己命运的设计师，做自己的主人，人生的所有法则都将变得简单。

## 要求高一点，激活的能量就多一些

要求高是一种人生态度，是一种境界，而不是完美。因为完美会使你受挫，使你被削弱，而要求高却是一个尽其所能去做到最佳的、不断前进的自我要求。要求高一点，激活的能量就多一些，要求越高，激活的能量就越多。在对自我要求高的过程中，你可以不断地取得最佳，不断地打破个人记录，提高过去取得的成绩，从各个层面的成就出发，从而让自己变得坚不可摧。

要求高很昂贵，你必须付全价；要求高很昂贵，但回报也很丰厚；要求高是真理，真理是不会被否定的，你可以把要求高推倒，掩盖要求高，忽视要求高，但无论你做什么，它总能脱颖而出上升到顶部，这就是精华法则：最优秀的将上升到金字塔顶部。

1946 年，年轻的吉米·卡特从海军学院毕业后，遇到了当时的海军上将里·科费将军。将军让他随便说几件自认为比较得意的事情。于是，踌躇满志的吉米·卡特就开始得意扬扬地说起了自己在海军学院毕业时的成绩：“在全校 820 名毕业生中，我名列第 58 名。”他满以为将军听了会夸奖他，让人想不到的是，里·科费将军不但没有夸他，而且还反问道：“你为什么不是第一名？你尽自己最大努力了吗？”这句话使吉米·卡特惊愕不已，很长时间他都没有说话，没有做出回答。但他却牢牢地记住了将军这句话，并将它作为座右铭，时时激励和告诫自己要不断进取、永不自满和松懈，尽最大努力做好每一件事情。

最后，他以自己坚韧不拔的毅力和永远进取的精神登上了权力顶峰，他成了美国第39任总统！卸任后，吉米·卡特在撰写自己的回忆录时，曾将这句话作为标题：《你尽最大努力了吗》。

泰戈尔说过："我只做一件事——努力完美。如果我只是大雨中的一颗小水珠，至少我要努力使自己成为最完美的一滴；如果我是六月的一片树叶，至少我要努力使自己成为一片鲜绿的叶子。"凡是出人头地的成功者，他们做事时，无论大事小事，都竭尽全力，力求达到最佳境界。只有这样，机遇才可能垂青于他，成功才可能离他越来越近。一个人做自己要做的事应该有这样的态度："要么不做，要做就做到最好。"

要求高可以作为每一个人一生的格言。无论是做人还是做事，也无论是从事伟大的事业还是细微的小事，都要集中你所有的智慧、所有的热情，全力以赴地投入到你所做的事情当中，丝毫不要放松，永远追求要求高，一切力求尽善尽美。

虽然我们只是普通人，但我们要站得更高一些，这样，人生的视野才会更开阔，才会树立起大局意识，遇事便能够站在理性的角度去考虑，从而把事情做得更好。

卡耐基说："只要你向前走，不必怕什么，你就能发现自己，成功一定是你的！"要求高一点，就是多发现一点自己的真我，多激活一些自我的潜能。许多人被成功拒之门外，并不是成功本身遥不可及，而是他们不能要求高，所以不能发现自己，不能发掘潜能而主动放弃，导致自己不会成功。事实上，只要你每天限定自己，要求高一点，激活的能量就多一些，持之以恒，成功便会出现在你眼前。每天要求高一点以激活更多能量需要我们做到以下方面。

### 1. 确定一个明确、具体、程度适宜的高要求，并且把这个高要求写在可见的地方

当你的决心和动力减少，难以控制自己的行为的时候，就看一看你的

高要求，这样就会增加你继续坚持的决心。

### 2. 养成要求高一点的意识

当你拥有了明确的高要求后，你就要想方设法去实现它，并且要时刻提醒自己，要戒掉那些影响自律的行为。

### 3. 说到做到

只写出你的自我要求是不够的，你必须要对你的目标做出承诺。你要坚信你内心曾经的承诺，并且践行你的承诺，这样你才能养成自我要求高一点的好习惯。

### 4. 足够的勇气

在养成要求高一点的习惯的过程中，难免会出现意志不坚定的时候。你的情绪、欲望和感情都会在这个时候出来阻止你前进。因此，要求高是需要足够的勇气的。当你面对这些困难和痛苦的事情的时候，不能被那些表面现象所吓倒，而应该相信自己的能力，积极地想出对付困难的方法。随着那些胜利的不断积累，你将会更加自信，并且由于你的自信的不断增加，你的自律精神也会越来越强大。

### 5. 和内心对话

自己和自己对话，是发现自己真实想法的最为有效的方式。你可以问问自己，如果这样做了，结果会怎样。你内心真正渴望的是什么，你现在有没有得到它们，如果没有，那么你就需要继续你的长途跋涉，并且时刻提醒自己："如果受引诱，那么代价是非常大的。"这样，你就能重新找回你的方向和前进的动力，不会迷途。

## 6. 接受真实的你

每个人都拥有富于创造性和精力充沛的时刻，也有感觉疲惫想要休息的时刻。而你要做的，就是找到自己精神状态活跃的时间和规律，该休息的时候，给自己充足的时间休息；该做事的时候，让自己全身心地投入到做事中。当你掌握了自己精神状态活动的节奏时，你就能获得更大的成功。

## 7. 在精神上超越自我

超越自己，可分成两种。一种是物质上的享受，另一种是精神上的超越。当然，这两者同样重要。如果以价值观来说，后者胜于前者。因为快乐是源自心境的宽适，而真正的幸福，则是源于精神的安稳。也许物质享受可以满足我们一时的乐趣，但乐趣的背后往往是更加空虚，因为我们的要求、欲望会逐渐增大、增多，一旦一切都不能满足时，我们就可能会迷失自己，进而用消极方式麻醉自己。

物质享受并非不重要，要你舍弃物质，全心专注于精神生活上，实在是件极不容易的事。因此，当面临两难时，你应该在两者之间取得平衡。

## 8. 保持适度紧张

适度的紧张可以提高一个人的工作效率，并且让他时刻记得自己的自我要求和任务是什么，同时充满和别人竞争的意识。这种紧张感可以把一个人的潜能激发出来，迫使他有效而合理地安排时间，并且逐渐养成自律的习惯。但是，如果一个人闲散惯了，那就很容易忘记自己的自我要求，就会让一件事情无限期地拖延下去，这样所得到的结果一定是非常糟糕的。

做到了以上几点要求，你就能够逐渐养成要求高一点的习惯，从而不断的激活多一些的能量，提高自己成功的概率，还可以使自己的才能迅速获得提高，学识日渐充实，最终提升自己的人生品位，实现自己的人生理想。

### 杨安谈潜能量

◆世上最有成功希望的人，无不有着勤劳、自信、要求高的可贵品质。

◆不断提升自我要求的过程，就是不断发掘自身价值的过程。

◆人生的精彩源自梦想的精彩，自我要求的高度决定成就的高度。

## 安逸，是阻碍我们进步的最大阻力

生活中，有多少人在浑浑噩噩中过日子呢？有多少人在安逸的生活中懈怠呢？有多少人认为自己没有什么本事就安于现状、不思进取呢？

人的无法进步，多数不是因为自身能力不够，而是因为追求安逸、不思进取，导致产生了阻碍进步的最大阻力，使自己淹没在平淡机械的生活中。因此，我们需要摆脱安逸的陷阱，激发我们自身的潜能，唤醒我们人生的激情，来实现人生的最大价值。

现实生活中，每一个人都有自己的梦想，都渴望成功，但是如果光等着钱从天上掉下来而自己不去工作赚钱，那是行不通的，不仅实现不了梦想，还会像一部久置不用的机器一样生锈、报废。人不经常工作、劳动，身体素质会逐渐下降，能量也会随之消沉。

安逸容易使人失去奋斗目标，只懂得享受。安逸是意志的腐蚀剂，它会涣散最坚强的人的斗志；安逸能熄灭创造的火花；安逸会让纯洁的心灵沾上污点。

安逸只能给人带来懒惰的思想，而不能给予真正的动力和生活乐趣。假设幸运之神眷顾你，让你中了头彩，头彩的奖金足够你玩乐一世。这种喜悦可能会使人快乐一时，但长期无所事事的烦闷会影响你的气场。每天吃喝玩乐，没有目标，不工作，长期持续这种生活，你不但会觉得无聊无趣，而且毫无长进，丧失自己强大的能量，成为一个终生平庸的人。

可以肯定，任何一个人的成功，任何一个人梦想的实现，绝不是从安逸中得来的，而是从不断的努力、勤劳中获得的。只有在劳动、实践中，我们才能体验那种脚踏实地奋斗的快乐；只有在实践中，我们才能让自己得以进步，让自己摆脱平庸现状。安逸表面上或许会给人带来幸福，但从长久来看，安逸就是我们的地狱。

有一位禅师在收学僧之前，会叮嘱大家把原有的一切都丢在山门之外，大家都同意了。可是过了没多久，禅师发现有的学僧好吃懒做，讨厌做活；有的学僧贪图享受，攀缘俗事。于是，禅师便把大家聚集在一起讲了下面这个故事：

有个人死后，灵魂来到一个大门前。进门的时候，司阍对他说："你喜欢吃吗？这里有的是精美食物。你喜欢睡吗？这里想睡多久就睡多久。你喜欢玩吗？这里的娱乐任你选择。你讨厌工作吗？这里保证你无事可做，生活没有任何管束。"

这个人听后很高兴地留下来，吃完就睡，睡够就玩，边玩边吃。等到三个月下来，他渐渐觉得没有意思，觉得很无聊。于是他就跑去问司阍道："这种日子过久了，也不是很好。玩得太多，我已提不起什么兴趣；吃得太饱，使我不断发胖；睡得太久，使我头脑变得迟钝。现在我想换种生活方式，您能给我一份工作吗？"

司阍答道："对不起！这里没有工作。"

又过了三个月，这人实在忍不了了，又问司阍道："这种日子我实在没法忍受，整天无所事事。我都快没有了思考的意识，如果没有工作，我宁愿下地狱！”

司阍带着讥笑的口气问道：“这里本来就是地狱！你以为这里是极乐世界吗？在这里，你没有理想，没有创造，没有前途，没有激情，没有动力，任何有意义的东西你都没有。长久地这样下去，你就会失去活下去的信心，失去活着的价值。而这种心灵的煎熬，是对人最大的折磨，更甚于上刀山下油锅的皮肉之苦，你当然受不了啦！”

的确，长久安逸的生活真的如地狱一般，有时甚至比地狱更加可怕。当一个人所有的智慧、信心、激情与能力都在这样的地狱中消磨殆尽，那个时候再后悔已经来不及了。人的一生，有很多时候都要经受安逸的诱惑，而往往很多人都掉进了安逸这个人生的软陷阱，沉溺其中难以自拔。时间和经验告诉我们“生于忧患，死于安乐”。使人们陷于平庸的不是危险和苦难，而是追求安逸的心态。进步的最大阻力是在安逸的那一刻开始产生。

孟子曰：“生于忧患，死于安乐。”人应当志存高远，应该敢于挑战困难，在困境中磨砺自己的意志，增长自己的才干。对于那些贪图安逸生活的人，成功只是一种幻想！因此，我们要不断创新，打破旧有的模式，在任何时候，任何情况下都要保持清醒的头脑而不被蛊惑，那样我们的工作和生活才不会被安逸所吞没，才不会被安逸所产生的最大进步阻力挡住我们追求幸福的脚步。

## 杨安谈潜能量

◆安逸的生活也是一种地狱，它虽没有刀山可上，油锅可赴，但它可慢慢摧毁理想，侵蚀心灵，甚至让人成为一具行尸走肉。

◆只有拒绝安逸，不断奋斗才能使人变得更有价值。

◆生活的磨砺不会消磨人的意志，反而会让人得最珍贵的人生经历与智慧，为将来的成就打下良好的身心基础。

## 有压力就有动力，危机意识是点燃潜能的火星

压力无处不在，它每时每刻都存在于每一个角落。在重重压力下，我们依然过着每天的生活。太阳是新升的，生活是美好的，因为我们已经习惯了生活在到处是压力的环境中。

青少年抱怨课业压力太重；成年人抱怨职场压力太重；老年人抱怨孤单的压力让人窒息。

没有压力，何来的动力？正是因为有了压力，人才会产生一种责任感、一种上进心，才会有不断前进的动力。倘若毫无压力，人就会缺少紧迫感，结果往往很难有所成就。从某种意义上说，压力是人们成功的源泉。缺少压力的环境容易让人安于现状，不愿追求更高的目标。

每一个成功的人，都不会轻易地被目前的压力所迷惑而停滞不前。在他们的心目中，适度的压力、适度的危机意识是前进中的动力，不但不可怕，反而会让人愈挫愈勇。

因此我们应该正确地看待生活、工作中的种种压力，把这些压力变成激励我们前进的动力，而不是阻碍我们发展的障碍，将危机意识当成点燃潜能的火星，让它引爆我们的巨大潜在能量，推动我们前进，使我们变得更卓越。

从前，有一位伯乐，他在集市上买了一匹青鬃马。他对人们说：“只要经过合理的训练，这匹马一定可以成为千里马。”

伯乐把那匹青鬃马带回家以后，就给它设置了各种训练项目，每天都让青鬃马坚持锻炼。可是，很长时间过去了，伯乐采取了无数的办法，青鬃马的能力似乎并没有什么提高，有时候它甚至连一个小马驹都跑不过。

伯乐拍着青鬃马的背说：“伙计，你得加劲儿锻炼啊，如果这样下去的话，你就要被淘汰了！”

青鬃马也十分苦恼，它垂头丧气地说：“其实，我已经尽了最大的努

力了。”

伯乐说：“真是这样吗？”

青鬃马点点头，诚恳地说：“真的，我觉得我把吃奶的劲儿都使出来了。”

新的一天开始了，伯乐决定对青鬃马采取一种新的训练方式。

青鬃马刚起跑，突然，它听到身后响起一阵惊雷般的吼声，吓得它几乎摔倒。它吃惊地回头一看，天哪！它竟然看到有一只凶猛的老虎正在向它猛扑过来。

青鬃马吓得魂儿都飞了，撒开四蹄拼命地跑起来。

到了晚上，青鬃马气喘吁吁地回到伯乐身边，惊魂未定地对伯乐说：“今天太危险了，我差点被老虎吃掉！”

伯乐笑着说：“可是，你今天比平时多跑了200多里。你总共跑了1050里！”

“什么？我竟然跑了1050里？那我不就是千里马了吗？”青鬃马激动得都要说不出话了。伯乐看着高兴的青鬃马，脸上露出了满意的微笑。

这时候，青鬃马心中一亮，原来我不是没有成为千里马的能力，是因为我的能力没有被激发出来。从那以后，青鬃马一上训练场，就设想自己身后正有一头凶猛的老虎在追赶自己。经过一段时间的训练，它果然成了名副其实的千里马。

有时候，我们就像那匹青鬃马一样，自己都不清楚自己到底有多大的能力，只有在压力和危机意识的作用下，那些潜藏在我们身体里的能量才会被激发出来，成为我们前进的动力，这时候，我们便会倾力而为，创造出惊人的成就。

要知道，人生就像是在赛跑。刚开始时，大家都站在同一个起跑线上。如果你不跑，所有的人都会超过你，你将是最失败的一个；如果你不跑第一，别人就会成为第一。

而有一些人，他们会发现自己前后有很多人，但他们会这样想，我不能让更多的人超过我，因为即使我不是第一，但也不能成为最后，失败会让我很痛苦。正因为有了这样的压力和危机意识，他们就会努力使自己不落后于别人，为自己的争取赢得了较理想的成绩。

更有一种人，压力和危机意识在他的头脑中起着决定性支撑作用，他会使自己前面的人越来越少，他总是这样告诫自己：如果我没有毅力，不能超过别人，我就不能实现自己的目标，那么登不上最高峰的我，绝不可能体会到气壮山河的骄傲。对这类人来说，一种压力和危机的急迫感总是紧随其后，因此他们多是生活中成功的典范。

压力和危机意识就是清醒剂，能让人在危机来临之前保持清醒。昨天的辉煌并不意味着今天的成功，人最好的时候可能是最不好的开始——“危机”往往就是这时悄悄来临的。美国未来学家阿尔文·托夫勒认为：“生存的第一定律是：没有什么比昨天的成功更加危险。”因此，我们不能陶醉于以往的成功经验，必须保持“如履薄冰”的压力和危机意识。不满足现状，持续不断地挑战自我，向更高的目标迈进，才能激发自己的巨大潜能，在压力和危机中发展、强盛。

### 杨安谈潜能量

◆每个人都像一粒种子，在压力下才能吸收到更多营养，进而转化为成长的能量，让自己抽枝展叶，释放多姿多彩的生命。

◆逃避压力没有危机意识的人，只能像树枝上的黄叶，为了得到短暂的快乐轻松而失去成长的机会。

◆做人如果耽于逸乐，今朝有酒今朝醉，就可能自取灭亡。如果时刻都有危机意识，不敢懈怠，就能很好地生存。

## 记住，人的能量有时候是逼出来的

根据平衡原理，静止的陀螺是不可能立起来的，更不会旋转，可是当用一条鞭子去抽打它的时候，它不仅能立起来，而且还能不停地旋转。那么，是什么使陀螺立起来，且旋转的呢？是陀螺自己吗？不是。当陀螺静止的时候，或许它都不知道自己居然能立起来，而且还能旋转。真正使陀螺能够站立起来，并能旋转的，正是鞭子的抽打。

人也是如此，当像陀螺一样静止不动的时候，不会知道自己有什么能力，能做出什么样的成绩来。可是当像陀螺一样被鞭子逼着动起来之后，却发现原来自己以为很难做到的事，现在不但做到了，而且还能做得很好。

很多时候，人的能量都是逼出来的。在我们身边，许多先天条件很好的人却缺乏成功的力量，原因正是在于他们没有被逼到非“转动”的地步，或者在困难面前退却了。许多“富二代”“官二代”为何一生平庸，因为他们好像不需要能量就能过得很好，当他们养成了贪图安逸的习惯，潜能便从此隐藏了。为什么许多贫家子弟能够成功？因为他们往往被逼到了非成功不可的“赛场”上，一旦潜能被逼出来，成功当然就指日可待。

在一次世界级的马拉松比赛中，有一位第一次参加这项比赛的年轻人，事先并不被任何人看好，可谁知比赛时，他总是一马当先，第一个冲到了终点，不但获得了冠军，还打破了世界纪录。

人们简直难以相信这是事实。媒体记者蜂拥而上，将这位年轻的世界冠军团团围住，纷纷提问：“你是如何取得这样好的成绩的？”

在闪烁的闪光灯下，还没缓过劲儿来的年轻世界冠军显得有点紧张，喘着粗气说：“因为，因为在我的身后有一匹狼。”

听他这么说，记者们更显得惊讶了，用探询的目光看着他。他继续说：“我练习长跑是从3年前开始的，训练基地在崇山峻岭之中。每天凌晨两点，教练就把我从床上叫起来，然后带着我去山岭间训练。开始的时候，尽管教练对我要求很严厉，我自己也很努力，可训练成绩就是上不去。

后来有一天清晨，我正在山岭间训练，忽然听见身后传来了狼的叫声，起初只是零星的几声，而且也很远，但很快就急促起来，好像就在我的身后，我心想自己很可能是被一匹狼盯上了，我连头也不敢回，拼命地往前跑。那天，我的训练成绩出奇得好。教练问我原因，我惊魂未定地说在半路上被一匹狼盯上了。教练意味深长地笑了，说原来你不是跑不快，只是身后缺少一匹狼。后来我才知道，那座山岭里根本就没有狼，那天听到的狼叫声是教练装出来的。”

说到这里，年轻冠军的脸上露出了释然的神情，笑道：“就是从那天以后，每当训练时，我都想象着有一匹狼在身后，训练成绩也突飞猛进。今天来参加比赛，我也想象着身后有一匹狼在追我，所以我比任何人都跑得快。”

人是一个复杂的矛盾体，既有求发展的需要，又有安于现状、得过且过的惰性。能够卧薪尝胆、自我警醒的人少之又少，更多的人需要的是鞭策和当头棒喝式的促动，而“逼”就是“最自然”的好办法。

人一旦被逼，心态就会改变；被逼，就会有明确的目标；被逼，就会分清轻重缓急，抓紧时间；被逼，就会马上行动。不寻求突破，不创新，就休想跨过这道坎，于是潜能在一逼之下因迅速集聚而爆发，如核聚变。目标达成了，“被逼”的状态解除了，人也发展了、成就了。

逼，可以激发你的潜能，可以让你经常处于一个积极进取、创新求变的状态，而这时你经常会有超出自己想象的收获。因此，有时候，被逼不要“无奈”，被逼是福。不仅不要怕“逼”，而且还应该主动被“逼”。自己跟自己过不去，自己逼自己，使自我经常处在一个积极进取、创新求变的良好的紧张状态，使潜能时常处在激发状态。除了在日常工作学习中要有这样的心态，另外就是要订立较高的目标来“逼”自己，来提升自己。

逼自己，就是战胜自己，必须比自己的过去更新；逼自己，就是超越竞争，必须比别人更新。别人想不到，我要想到；别人不敢想，我敢想；别人不敢做，我来做；别人认为做不到，我一定要做到。

逼自己，一方面要勇于接受挑战，把自己丢进新条件、新情况、新问题中，逼到走投无路，才会想方设法；破釜沉舟，才会背水一战。兵法说“置之死地而后生”就是这个道理。另一方面，要用“自律”来逼，用目标管理、时间管理来逼，用行动结果来逼。以创新之举逼出创新的行为，得到创新的结果。

很多时候，能量是逼出来的。平静的水面练不出精悍的水手，安逸的环境选不出优秀的人才，因此，如果没有外力的约束和制约，我们也要时时让自己处在被逼迫的情况下，才能更好地管理和驾驭自己，克服人性的弱点，最终取得能量，成就卓越。

## 杨安谈潜能量

◆卓越的人，都善于把逼迫转换成有利的契机。

◆成功，是相对值而不是绝对值，世界上正是因为有“逼”这件事，才会有超越自己的成功者。

◆不试着逼迫自己，你永远不知道自己有多优秀。

# 第九章

# 且行且思，在行动中完善自我

无论你有多美好的目标，多缜密的计划，只要你不行动起来，成功之门永远不会开启。行动，是通往成功的清幽小路。懈于行动的人，试图侥幸的人会错过许多良机。我们只有下定决心，积极展开行动，在行动中完善自我，才有力量摘下成功的甜美果实。

## 无论如何你都要积极展开行动

高尔基说：“每个人都知道，把语言化为行动，比把行动化为语言困难得多。”行动是设计方案付诸实施的过程，行动意味着改革、改进和进步。

人们常说，思路决定出路，想法决定做法。一张地图，无论内容多么翔实，比例多么精确，也永远不可能带着主人周游列国；严明的法规条文，无论多么神圣，永远不可能防止罪恶的滋生；凝结智慧的宝典，永远不可能缔造财富……只有积极展开行动才能使地图、法规、宝典等具有现实意义。

生活中有太多的人总是在冥思苦想，总是顾虑重重：“我还没准备好呢，我能实现这个梦想吗?”他们迟迟不敢行动，结果白白浪费了许多时间和精力。

古希腊哲学家德谟克利特说：“只靠一张嘴来谈理想而丝毫不实干的人，是虚伪和假仁假义的。”无论何时，只有积极地展开行动，才能让理想有实现的机会。

在一间灯光暗淡的病房里，两位女护士焦急地工作着——每人各抓住麦克的一只手腕，力图摸到脉搏的跳动。因为麦克在这整整6小时内都未能脱离昏迷状态。医生做了自认为所能做的一切事情后，离开病房给其他病人看病去了。

麦克不能动弹、谈话或抚摸任何东西。然而，他能听到护士们的声音，在昏迷的某些时间里，他能相当清楚地思考，他听到一位护士激动地说：

“他停止呼吸了！你能摸到脉搏的跳动吗？”

“没有。”

他一再听到如下的问题和回答：“现在你能摸到脉搏的跳动吗？”

“没有。”

“我很好，”他想，“我必须告诉他们，无论如何我必须告诉他们。”

同时他对护士们这样近于愚蠢的关切又觉得很有趣，他不断地想：“我的身体素质良好，并非即将死亡，但是，我怎么才能告诉他们这一点呢？”

于是他记起了他所学过的自我激励的语句：“如果你相信自己能够做某件事，你就能完成它。”他试图睁开眼睛，但失败了，他的眼睑不肯听他的命令。事实上，他什么也感觉不到，然而他仍努力地睁开双眼，直到最后他听到这句话：“我看见一只眼睛在动——他仍然活着。”

这种情况持续了相当长的一段时间，直到麦克不断努力睁开了一只眼睛，接着又睁开另一只眼睛。恰好这时候，医生回来了，医生和护士们以精湛的技术、坚强的毅力，使他起死回生了。

不管何时，都应该像麦克一样采取积极的行动，只有在积极行动的推动下，你体内的能量才会爆发出来，做出平时难以做到的事情。

成功来自于身体力行。同样地，成功的机遇也是需要通过积极展开行动才能抓住的。无论你有多么美好的目标，多么缜密的计划，只要你不实际地行动起来，成功之门永远不会开启。

许多失败的人没有积极展开行动，他们的缺点无非有以下几种。

### 1. 半途而废

美妙的梦想人人都有。生活中很多人都有理想，但是实现的有多少呢？他们是否长期以来都朝着同一个目标不懈地努力呢？就如同我们想种漂亮的花就必须经过播种、洒水、除草的步骤，如果一个人觉得这些工作又苦又累而中途放弃的话，那么就不会有机会看到自己种出来的美丽花朵。

### 2. 不敢迈出第一步

积极展开行动的第一步是最难迈出的。很多人执念于周全的计划，详细的考虑。他们把各种困难全部一一挖出，然后在脑海中寻思各种克服的办法，结果又有新的困难产生，越来越千头万绪。最终被困难的复杂与庞大性压倒，在行动之前就已放弃。这种人明显欠缺决断力与行动力。但实际上再有先见之明，再有准确的事先判断，如果不付诸实行，也显得毫无意义。

事实上不能期待每次积极展开行动都有良好的效果，所谓万无一失的计划只是纸上谈兵。不积极展开行动是不会有结果的。并不是说否定三思而行的意义，但不要思虑太多。做了后悔胜过不做而后悔。机会不会属于不敢行动的人。要想成功，最重要的便是积极展开行动。

### 3. 缺乏自信与自信过度

缺乏自信的人必然容易动摇，容易动摇的人必然会半途而废，半途而废的人必然不会抓住成功的机会。这简直就是一个“人生失败方程式”。下定决心积极展开行动的话，首先要摒除受别人意见左右的心理。

另外，过于自信的人往往高估自己的行动力。有人曾说过：“自满和行动力就像是放在同一容器中的两种物质。自满的成分增多，相对的行动能力就会下降，一个是六，另一个就是四；一个升为八，另一个就降为二。”也就是说两者是反比的状态，容易自满的人很难脚踏实地，总想一下子就干出个大成绩来。

### 4. 拖延与急进

事情到了手边就嫌麻烦，找个借口拖上一段时间再说，这种人是不少的。但实际的结果怎样呢？你会发现尽管身体上宽松了，但工作重担积压到了你的心里面。而且事情是会越来越多的，有着拖延心态的人会越来越怕面对事情的堆积，逃避这时成了他们唯一的选择。但这样等于退出了通往成功之路。

### 5. 恪守陈规

人生不可能尽在掌握中，再细致周全的人生计划也不可能把所有突发事件或不可知因素计算进去。不懂得随机应变，不改革和摆脱常识束缚，一味恪守陈规，一味谨守计划的人成功机会很低。稍有意外，他们就不会应变了。

### 6. 向障碍低头

人生并不是一帆风顺的，想成功的人更会碰上许多困难与障碍。如果不能勇于面对与克服的话，障碍背后的机会就不会出现。

丘吉尔曾说过：“一个人绝不可以在遇到危险的威胁时，背过身去试图逃避。若是这样，只会使危险加倍。但是如果立刻面对它毫不退缩，危险便会减半。不要逃避任何困难，绝不！”

积极展开行动，是通往成功的清幽小路。懈于行动的人，试图侥幸的

人会错过许多良机。因此，我们只有下定决心，无论何时，只有积极展开行动，才有力量摘下成功的甜美果实。

### 杨安谈潜能量

◆人的成功，是一点一滴茁壮成长于坚毅的行动之中的。

◆萤火虫只有在振翅的时候，才能发出光芒。

◆凡拥有人生大格局的成功者，都善于当机立断，一旦决定就会全力以赴。

## 去做，才能消除左右摇摆的思绪牵绊

不可否认，我们为取得成功筹划了许多，设定了切实可行的目标，但我们去行动时，总有一点左右摇摆，一点担心，于是，往往受到思绪牵绊而错失行动的良机，甚至因此而导致消极的无所行动、无所作为。

或许，我们是担心没做好准备。无论如何，第一步的准备工作很重要，但紧接着更重要的是采取行动去做。小心不要罹患只准备不行动的“分析瘫痪症”，我们可能花了大量时间准备旅行，结果却根本没上路。

应该仔细研究达成愿望的最好办法，并分析自身处境、长处，个人所必须面对的挑战，所可能遭遇的障碍，以及实现梦想所需具备的全部条件。谨慎的人会严谨地分析大目标，而得到许多较小且较容易达成的单元目标，然后，再累积小成就以取得大成功。

但是，如果经过反复分析，仍然患得患失，不敢付诸行动去做，就患了所谓“分析瘫痪症”。分析和准备本身都不是目的，而只是达成目的的手段——我们只是借其完成人生目标，千万不可本末倒置，一味地准备，却迟迟不展开追求目标的实际行动。

对美式足球与篮球选手而言，柔软体操、跑步、重量训练、伸展运动都很重要；但如果他们整天光做这些，而不下场打球，势必无法继续下去。同样的道理，如果光是制订策略，却不见行动，是件相当没意义的事。

在现实生活中，遇事不左右摇摆，能够果断作出抉择的人并不是很多。只要你认真观察周围的人，就会发现有很多人都是在关键时刻左顾右盼、犹豫不决，结果就错过了时机。左右摇摆，对于一个人来说，实在是一种致命点。有这种弱点的人，从来不是有毅力的人。这种性格上的弱点，可以破坏一个人的自信心，也可以破坏他的判断力，使他受到思绪的牵绊，非常不利于他的事业成功。

犹豫是我们成功的大敌。许多人都是因为在复杂多变的情况下，前怕狼后怕虎，徘徊观望，结果让很多好的决断胎死腹中。世界上最可悲的人莫过于那些瞻前顾后，不知取舍的人；那些不能承受压力，犹豫不决的人；那些受他人意见左右，没有主见的人；那些从未感受到自身所具有的伟大力量的人。

对于那些总是受到左右摇摆思绪牵绊的人来说，养成迅速决断的行为习惯是世界上最困难的事。因此，我们要逼迫自己训练遇事果断坚定的能力、遇事迅速决策的能力，对于任何事情切不要犹豫不决。

莫耶士就读于北德州州立大学时，曾硬着头皮写信给总统候选人詹森，自愿加入助选团，为詹森争取德州选票。莫耶士勇敢跨出这么一步，使他成为公众人物。在极短的时间内，他成了美国总统的新闻秘书，然后当上某电视新闻网的评论员，后来成为也许是美国有史以来最有影响力的广播人。莫耶士多年来始终拥有展现才华的机会，而这一切皆起始于一封自我推荐信；亦即他主动跨出的第一步，也就是“行动”两个字。

成功者身上都有不少类似经验，即从小培养的主动开创的精神，他们常常这样做：如果发现有必要促成某种变革，或者有必要让某些事发生，就应该采取行动。如果看见不对的事，就要明白地说出来；如果有办法矫

正错误，就要先加以矫正，再继续前进。假如看到机会，就要抓住不放；假如有什么好主意，就该大胆提出来，勇敢的进行尝试。若不敢冒险，就什么也得不到。假如自己不提出要求，谁会给你要求呢？要掌握机遇，杜绝左右摇摆的思绪牵绊，从而促成某些事情发生。现在不做，更待何时？自己不做，要谁来做？

《人世智慧的艺术》一书说：“智慧差别在于采取行动的时机——智者早一步；愚者晚一步。”除非我们采取行动去做，设法促使事情发生，否则我们的生命将逐步侵蚀。莫受左右摇摆的思绪牵绊而被动等待机会来敲门；要走到户外，采取行动，自己主动去敲机会之门，机会就是这样找到的。

我们在世的时间有限，不见得足够完成一切想做得好的事情。因此，不该一直漂浮不定、彷徨迟疑、延宕耽搁，迟迟不采取行动，必须把握有限的光阴，善加利用，勇敢去做，才会闯出一片精彩的天地，绘出一片令人羡慕的风光！让我们的口号掷地有声：“去做，别受左右摇摆的思绪牵绊！”

### 杨安谈潜能量

◆产生一个新念头就会产生一个新希望，在人生的舞台上，击球的机会是自己给的，击不击取决于你的行动，而不是年龄。

◆如果没有实际行动，只是在心目中描绘目标，或把目标挂在嘴边，是永远也无法将它实现的。

◆唯有行动，才能使梦想变为现实。积极主动者，更受机遇的青睐。

## 做不好不是因为没能力，而是因为没动手去做导致能力丧失

富兰克林说过：“今天可以执行的事，就不要拖到明天。”凡事立即行

动，只有当你养成了这样的工作习惯时，你才能掌握个人进取的主动权，才能达到目的，否则就会影响自己的成绩和进步。任何事情，做不好不是因为没能力，而是因为没动手去做而能力丧失。

有的平庸者或失败者在谈起别人获得的成功，总会愤愤不平地说："人家如何如何凭运气……赶上了好时光……"他们不采取行动，总是期待有一天他们会走运，他们把成功看作是降临在幸运儿头上的事情，认为成功者的命运是一帆风顺的，而自己的命运全是倒霉，所以，既然幸运女神不肯照顾他们，他们除了怨天尤人以外，再也不会做什么了。

但善于抓住机会成功的人耽误不起这些时间，他们忙于动手去做，去解决问题；忙于动手去做，去勤奋工作；忙于动手去做，去把事情做好；忙于动手去做，去生气勃勃和乐观地对待一切。

生活中，我们常常会因为暂时的挫折和没有进展而感到踌躇，也会因为自身的懒散而停滞不前。可是机会来自积极的努力，它从不自动上门，成功者之所以会成功，也就是因为他们比别人更能动手去做，更吃得起苦、更努力、更勤奋，在取得成功的过程中，付出了更艰苦的劳动。

有一位名叫西尔维亚的美丽女孩，从她念大学开始，就一直梦寐以求地想当一名电视台节目主持人，她觉得自己具有这方面的才干，因为每当她和别人相处时，即使是陌生人也愿意亲近她并和她畅谈，她知道怎样从别人嘴里掏出心里话。她的朋友们称她是他们的"亲密的随身精神医生"，她自己常说，只要有人愿意给我一个上电视的机会，我相信自己一定能够成功。

但是，她为自己的理想做了什么呢？其实什么也没做，她在等待奇迹出现，希望一下子就能当上节目主持人。

西尔维亚不切实际地等待着，结果什么奇迹也没有发生，谁也不会请一个毫无经验的人去担任电视节目主持人，而且，节目的主管也没有兴趣跑到外面去搜寻天才，都是别人去找他们。

另一位叫辛迪的女孩却实现了西尔维亚的理想，成为了著名的电视节目主持人。辛迪并没有白白等待机会的出现，在大学毕业之后，她跑遍了洛杉矶的每一个广播电台和电视台，但是，每个地方的主管对她的答复都差不多：“不是有几年经验的人，我们不会雇用。”但是，辛迪没有退缩，也没有等待机会，而是走出去寻找机会，她一连几个月仔细阅读广播电视方面的杂志，最后终于看到一则招聘广告：北达科他州有一家很小的电视台招聘一名预报天气的女孩子。

辛迪是加州人，不喜欢北方，但这一切都没有关系，她抓住了这个机会，动身来到了北达科他州。辛迪在那里工作了两年，最后终于有机会调回了洛杉矶的电视台，又过了五年，她终于得到提升，成为她梦寐以求的节目主持人。

西尔维亚那种失败者的思维和辛迪这种成功者的观点正好背道而驰。分歧点就是：西尔维亚在10年当中，一直停留在幻想上，坐等机会，期待时来运转，然而，时光却流逝了。而辛迪则是采取了实际的积极的行动：首先，她充实了自己；其次，在北达科他州接受训练；再次，在洛杉矶积累了足够的经验；最后，完成了自己的理想。

有人曾经说过：“一步一收获，停滞不动，那么就只能永远在原地望而却步。”所以，当我们与其为工作上的事情瞻前顾后、不知何去何从，白白错失机遇，使自己因为没动手去做而能力丧失，还不如果断地行动起来，这样才不会在下一个机遇来到的时候，猝不及防，束手无策，甚至失之交臂。

想要养成行动的好习惯，你可以遵照下列方法去做。

### 1. 用自动反应去完成简单的、烦人的杂务

不要想它烦人的一面，什么都不想就直接投入，一眨眼就完成了。现在就开始练习，先做一件你不喜欢的工作，在还没想它讨厌之前就赶快做，这是处理事务的有效方法。

## 2. 不要犹豫不决

在行动前，很多人提心吊胆，犹豫不决。在这种情况下，首先你要问自己："我害怕什么？为什么我总是这样犹豫不决，抓不住机会？"不要为自己找借口了，诸如：别人有关系、有钱，当然会成功；别人成功是因为抓住了机遇，而我没有机遇，等等。这些都是你维持现状的理由，其实根本原因是你根本没有什么目标，没有勇气，你根本不敢迈出成功的第一步，你揣测成功不会属于你。如果一生只求平稳，从不放开自己去追逐更高的目标，从不展翅腾飞，那么人生便失去了意义。

巴顿曾对自己的下属说："去做一件事先经过估测再去冒险，那同莽撞蛮干是两码事。"其实我们并不是建议你去仓促行事，错误地把古怪的行径当作创造行为，我们在此所讨论的只是放开自己想象力的勇气。当你面临着一个好像无法解决的问题时，先研究它。在似乎找不到解决办法时，就放开你的想象力。想象指的是想出不在眼前的事物的具体形象。不要被重重阻力所吓倒，要时刻都敢想敢做。

行动，是医治"行动恐惧症"的唯一良方。车尔尼雪夫斯基说："实践，是个伟大的揭发者，它暴露一切欺人和自欺。"

## 3. 矫正心态

先行动起来，在行动中去纠正、去调整，才是铲除心理障碍的最好的办法。行动的障碍归根结底还是心理障碍。

格罗根指出："无论做什么事情，开始时，最为重要的是不要让那些爱唱反调的人破坏了你的理想。"美国斯坦福大学的一项研究也表明，人大脑里的某一图像会像实际情况那样刺激人的神经系统。比如，当一个高尔夫球手击球时一再告诉自己"不要把球打进水里"时，他的大脑里往往就会出现"球掉进水里"的情景，而结果往往是球真的掉进水里。

“先投入战斗，然后再见分晓。”拿破仑如是说。只有行动起来，才能挣脱舆论的枷锁，因为这个世界上爱唱反调的人太多了，他们随时随地都可能会列举出千条理由，说你的理想不可能实现。你一定要坚定立场，相信自己的能力，努力实现自己的理想。

只要你认准了路，确立好人生的目标，就永不回头，“走你的路，让人们去说吧”。向着目标，心无旁骛地前进。相信你一定会到达成功的彼岸。

## 4. 自我做出承诺

有一项经特殊设计的心理潜能测验，用以测试运动员的承诺程序。结果证明了那些“精益求精”的选手，都愿意接受时间更长、更艰苦的训练。对于工作与事业，一个坚毅的承诺十分重要。因为，当你为完成一项计划而冲刺，或创造了宏伟蓝图时，身边并没有教练或拉拉队来刺激你的激情。这份激励的动力，必须来自你本身，你必须自我激励：“这是我一生中的主要目标，我一定要全力以赴，殚精竭虑，尽我所能。”那些愿意牺牲目前享乐，以换取未来长远成果的人，最终都会展现出最佳成绩。

生命的价值在于行动，生活中的事务做不好不是因为没能力，而是因为没动手去做而能力丧失了。只要我们养成将好的想法付诸行动的习惯，我们就一定能改变未来的生活，使之更加绚丽美好。

### 杨安谈潜能量

◆这个世界没有不可能的事情，也没有来不及的行动，只要你从现在马上开始做，并坚持下去，你才会看到奇迹的发生。

◆胸怀大目标，行动从小处着眼，这就是实现你的计划的最可靠手段。

◆现在就去行动吧！即使暂时没有带来成功，但是你依旧会有收获硕果般的充实，日积月累，最终大目标的实现也就唾手可得了。

## 用“一种”要做就要做到最好的“要求”要求自己

同样的条件，同样的环境，有的人做得有声有色，有的人却做得越来越差。这其中的差距是什么？能力不是关键，学识不是关键，关键在于做事者有没有一颗永远上进的心，有没有用一种要做就要做到最好的要求来要求自己的态度。如果能以这种精益求精的心态做事，就会把一个一个目标连续贯彻下去，从而赢得佳绩。

就像李嘉诚所说：“一个人最可怕的是自我满足，满足于眼前的一些小利润，因为这种满足感等于失去前行的动力，要想成大事必须对自己已有的成就不满足。所以我坚持保持自己的雄心，无论做什么都力争做到最好，这样一个自己才靠得住。”

要做就要做到最好，意味着你要比别人有更多深入思考的时间，去改正过去的错误，去熟悉你的工作，去设想你的未来。利用这些时间，你还可以养精蓄锐、蓄势待发。

要做就要做到最好，意味着你可以全力以赴地做事，没有杂念，这样你就会比别人多更多成功的机会。

要做就要做到最好，意味着你可以更好地挖掘自身的潜力，做别人不能做的事情。

要做就要做到最好，好处多多。一个聪明的人绝不会让自己养成随随便便做事的习惯。

曾经有一家电热水器生产厂，声称自己的产品质量合格率为99%，各项安全指标都可靠，并有双重漏电保护措施，让消费者放心使用。然而一位消费者购买了该厂的电热水器，却不幸摊上了1%的失误。

跟往常一样，他未关电源就开始洗澡，没想到，热水器漏电，而漏电保护装置又失效了，导致他被电流击倒，一条胳膊被电击伤。按说，带电使用电热水器属于正常操作范围，不应出现这一故障，即便发生漏电，漏电保护装置也会立刻断电，以确保使用者的安全。然而，这家企业满足于99%的合格率，却恰恰是那1%的不合格品给消费者带来了巨大的伤害。

在做事情时，我们每个人都应该用最高的标准要求自己，要完成100%的事情，绝不能只做到99%，因为只有做到100%才算合格，你的事情才算做到位了。一家跨国公司的人力资源部经理在谈到对人才的要求时是这样认为的：“我们认为一个优秀的人才的标准是他们能够自己在内心中为自己树立一个标准，而这个标准应该符合他们所能够做到的最佳的状态，并引领他们达到完美的状态”。

在教育水平日益提高、各种人才辈出的今天，学历、文凭已经无法在竞争中起决定性的作用了，一个人要想从人群中脱颖而出，不能仅仅满足于做到合格，也不能仅仅满足于做优秀的人，而是要做最优秀的人。而帮你达成“最优秀”的，不是学识与证书，而是认真负责的态度，是要做就要做到最好的精神。

只要一直用一种要做就要做到最好的要求来要求自己，我们就能将潜能开发到极致，并因此创造出想象不到的奇迹。这要求我们做到以下四点。

### 1. 克服自卑，增添自信

人与人性格差异很大，要了解自己的性格优势与不足，就要学会扬长避短，才有助于形成自己独特的自信心；人又是不断发展变化的，就更需要不断更新、不断完善对自己的认识，才能使自己变得更好和更完美。正确认识自己，就是要做到用全面的、发展的眼光看自己，满怀激情地去对待生活和事情。而人特别需要的是充满自信和用激情来完成自己的目标，自己的事业……

增添信心是对自我的关注与肯定，从心灵上确认自己能行，自己给自己鼓劲。只要你克服自卑心理，树立信心，做自己幸福生活的缔造者，无论什么困难你都能战胜，什么事情都难不倒你，你就会做出令人瞩目的成绩。

### 2. 认识不足，完善自己

“古之圣人，其出人也亦远矣，犹且从师而问焉。”古人留下的虚心求教，取长补短的优秀品质，我们不能丢，这是在认识自己、肯定自己后的必要补充，能保证我们取得成绩后，在鲜花与赞美中，保持清醒的头脑，不会迷失方向。人要有傲骨，更要虚心，保持一颗平常心，正视自己的成绩，发现自己的不足，不断完善自己、充实自己，让自己逐渐变得强大起来，就能让你取得更大的进步。

### 3. 在事情中全心全意地付出

如果你没有独特的技能和超人的优点，那么，就让耐心和细心来实现它吧。在事情中，认真负责的态度也能让事情更出色。如果你任劳任怨，敢于挑重担，干重活，那么总有一天别人会发现你这匹虽然不能日行千里，却也在奋力前进的骏马。

### 4. 以出色的标准来要求自己

在做事时，不断地对自己提出更高的要求，不断进步，也是做到最好的途径之一。如果你每一次完成的任务质量和数量都没有突破，那么你的事情就处于停滞状态。要想做得出色，就要不断地挑战自己，想各种各样的方法来进步。渐渐地，你就达到出色的标准了。

人的一生正如你所设想的那样，你怎么想象、怎么期待，就会有怎样的人生，只要你坚信自己拥有无限的能力与无限的可能性，一直用一种要做就要做到最好的要求要求自己，你就会发现，成功在向你招手。

### 杨安谈潜能量

◆要做就要做到最好，你才能成长为一个能够承担大事的人，创建出辉煌的战功。

◆没有一个做事随便，对自己要求很低的人能够成功。

◆只有要做就要做到最好，才能在人生的征途上，昂扬积极，拼搏奋进。

## 用心做事，拆掉思维的墙

思维的墙是指当人们思考问题时，总会存在一种思维的惯性，会习惯地根据自己已有的知识，按照一种固定的思路去考虑问题。这种习惯性的思维程序使得人们一面对问题就会按照熟悉的方向和路径去思考，去解决。

这种思维的墙对于人们解决一般的问题，可以起到“轻车熟路”的积极作用，使人们熟练地解决问题。但是，当人们需要开创性的解决问题时，思维的墙往往会成为一种障碍和束缚，它将人们局限在某种固定的思维模式内，打不开思路，不能形成有创意的新观念、新意识。

我们在思考问题时，往往由于思维的墙的作用而影响到我们对事物的正确判断。因此，必须警惕和摆脱思维的墙的负面作用。用心做事，以拆掉思维的墙。

有一次，邻居盗走了华盛顿的马。华盛顿和警察一起在邻居的农场里找到了马，可是邻居一口咬定这匹马是自己的。华盛顿想了一下，用双手将马的双眼捂住说：“既然这是你的马，那么你说它哪只眼睛是瞎的?”

“右眼。”邻居说。

华盛顿把手从马的右眼拿开，马的右眼光彩照人。“啊，我弄错了，”邻居纠正说：“是左眼！”华盛顿把左手也移开，马的左眼也是亮闪闪的。

邻居的谎言为什么会被识破？这是因为华盛顿利用思维定式的原理，先使邻居在心理上认定马的眼睛有一只是瞎的，这在心理学上被称作“沉锚效应”。邻居受一句“它的哪只眼睛是瞎的”的暗示，认定了“马有一只眼睛是瞎的”。所以，他猜来猜去，就是没有想到马的眼睛根本没有瞎，使自己的谎言不攻自破。

思维的墙是人对刺激情境以某种习惯方式作出的反应。在遇到新问题时，思维的墙不利于创意思考；在利用创意思维时，也会成为一种障碍。因为思维的墙是处理问题的自动程序系统，具有很强的形式结构化特征和惯性特征。一旦落入到思维的墙中，思维就会不自觉地沿着固定的模式运行，并且很难改变。思维的墙可以阻碍我们思路的打开，容易使思路进入岔道，想不到那个本应该想到的问题，或者找不到正确的答案。

有些问题，从常理看来，似乎有些摸不着头脑，不知如何解决才好。但是如果你用心思考，拆掉思维的墙，就会发现那些问题解答起来并不困难。

如今我们处在竞争日益激烈的知识经济时代，科学技术发展的速度越来越快，新的科技知识和信息迅猛增加。要想在竞争激烈的环境中赢得一席之地，就要使自己有竞争力，而具有创新的能力无疑会给你带来更大的自身优势。所以，我们要想创新，就要用心做事，拆掉思维的墙。从传统的思维的墙中走出来，不断地提出解决问题的新思路、新观念。

龙虾与寄居蟹相遇。龙虾把自己的硬壳脱掉，露出了娇嫩的身躯。寄居蟹看见龙虾这样做非常紧张：“小龙虾，你不想活了吗？你怎么可以把唯一保护自己身躯的硬壳给脱掉呢？这样大鱼就可以毫无顾忌地将你一口吞掉！如果遇到急流，你会被冲到岩石上摔死的。”但是龙虾却很镇定地回答：“这是成长必须付出的代价。我每次成长，都必须先脱掉旧壳，然后才能长出更坚固的外壳，才能让自己变得更强大。如果不脱掉旧壳，我

将自己局限在这个壳里，只会变得弱小。”寄居蟹不禁思考起来，自己整天忙于找避居的地方，却从没有想到让自己长得更强壮，难怪永远都没有发展。

每个人的自身条件不同，但这并不是成功的决定因素。因为有很多看似命运欠佳的人也都获得了成功，而一些看似命运非常好的人也是失败多多。所以，尽管我们的先天条件没有优势，但这并不意味着我们的命运就此定型了。

在工作中，我们也必须用心拆掉思维的墙，改变做事的方法。只有拆掉思维的墙，我们眼前才能豁然开朗。正如当代著名的趣味数学家马丁·加德纳所说：“有些问题用传统的常规方法来理解确实很困难，但如果放开思路，打破常规，灵光一闪，一切难题终将迎刃而解。”

生活中，当我们遇到问题需要解决时，只要用心地稍微改变观察的角度，拆掉思维的墙，我们就会产生新的想法，对问题也会形成新的认识，这些都能激发我们的创新思维。打破常规，不按常理出牌，突破传统思维的束缚，哪怕是一个小小的想法，也会产生非凡的效果。

因此，任何时候，都不要画地为牢，不要故步自封，而要用心做事，勇于拆掉思维的墙。这样，就一定会突破现状，你的发展也一定会比想象中的好。

## 杨安谈潜能量

◆在当今不断变化的环境中，如果固守已有的思维定式，很容易走入困境而难寻出口。

◆不要为自己的命运设限，每个人身上都有无限的潜能，风雨过后才能见彩虹，只要努力向前，终会看见胜利的曙光。

◆思维一旦局限在一个框框里，就会失去生活的激情、成功的动力。

## 在行动中累积经验，在经验中学会创新

有位长者带领村民星夜兼程地运送食用盐，他们要把这些盐运到城里去换粮食过冬。一个星光灿烂的夜晚，他们在荒野里露宿。长者用世代流传下来的方法，取出3粒盐块投入火堆，以此占卜山间天气的变化。这种方法是，如果听到火中的盐块发出“噼里啪啦”的声响，那就是天气很好的预兆。而倘若没有什么反应，那就表示天气将要变坏，风雨随时可能来临。盐块在火中毫无声息，长者认为不吉，主张盐队天亮后马上赶路。但是同行中的一位年轻人认为“以盐窥天”的方法太迷信，现在天上星光灿烂，怎么可能会下雨，所以他反对匆忙起程。

果然，第二天下午的时候天气骤变，风雨交加，这时坚持晚走的年轻人才相信长者的经验。其实，长者这样做，虽然是祖先传下来的没有经过科学论证的经验，但是却是有着科学依据的。盐块在火中是否发出声音与空气中的湿度有关，当风雨来临时，湿度大，盐块受潮，投入火中自然就不会发出声音。反之，盐块就会发出响声。年轻人看不起老人的经验，片面认为这种经验是过时的、无用的，直到事实证明这种经验是对的时，他才折服。

其实，我们一些人的人生经验也如同海盐，虽然它属于过去，但是这仍然是一种结晶，并且有海的记忆，人们如果缺少了它，或者抛弃了它，就可能会遭到失败。所以我们要学会在工作、学习与生活的行动中积累经验，学会以“前师之事”为“后事之师”，然后在经验中学会创新，这样才能在追求理想的道路上少走弯路，尽快取得成功。

有位年轻人向成功者“取经”时得到了这样几句话的告诫：“现在的年轻人总是急功近利，其实我们对任何事情都不应抱过高的奢望，不要急于求成，而应该先把学问与经验一点点的积累起来，灵活地注入自己的头

脑，才能获得创新的灵感，取得成功。”

逐步积累起来的经验对一个人来说是无价之宝，也是每一个人在行动中的收获，更是为以后的创新而打下的坚实基础，是成就事业的巨大资本。

李嘉诚认为：“苦难的生活，是我人生的最好锻炼，尤其是做推销员，使我学会了不少东西，明白了不少事理。所有这些，是我今天10亿、100亿也买不到的。”由此可见，李嘉诚在少年时期的苦难生活中所积累起来的经验，使他学会的本领，正是他后来创新的基石，是取得成功的重要元素。

因此，对人生而言，经验往往是一笔不可多得的财富。它是前人用生命和智慧积累起来的宝贵财富，并且是用金钱买不到的东西。

当然，人类一切时代的文化、思想的发展，都离不开对人类已经发展、积累起来的优秀传统经验的继承，离不开对人类一切优秀文明成果的借鉴吸收，也离不开在借鉴经验基础上的创新、创造。

在日新月异的当今社会，人类的创造力比以往任何时代都更加快速地发展着。信息化时代的到来，知识、信息爆炸，新的职业、新的技术以前所未有的速度不断地产生和发展，人类的思维方式、生活方式和工作方式也随之发生日新月异的变化，我们的身边充满了观念创新、知识创新、技术创新、能力创新、制度创新、管理创新等有关创新的词汇。无论是个人还是团体，如果长久的一成不变，那么就将面临各种贫乏和失败。因此，能否在行动中累积经验，在经验中学会创新直接关系到每个人的人生成就。

1984年的洛杉矶奥运会的组织者彼得·尤伯罗斯，1975年曾在佛罗里达州听过世界著名创造学家E. 迪博诺的一堂创造学课，当时讲的是“水平思考的思维方法”，由此而被激发出创造力，为原预计亏损5亿美元的洛杉矶奥运会赢利2亿美元。

显然，在行动中累积经验，在经验中学会创新并不是多么难的事情，只要积极地进行开发，人们的创新潜能是完全可以被激发出来的。

## 1. 学会借鉴他人

一个人要想成功，除了学得自己所从事的行业的相关知识外，还要有相关的经验。一个成功的人肯定是一个善于从他人的成功中获得经验的人。因此，我们要想积累成功的经验，不能仅囿于个人，而是要多看、多听、多学习，向成功者学习，向竞争对手学习，甚至可向失败者学习，以他人的经验助自己的事业成功。

## 2. 要在实践中积累，也要在学习中积累

要积累一定的经验，就要进行不断的实践。我们在学到了一定的经验时，要检验一下是否适合自己，这就要进行实践，将经验运用到实践中去，将那些对自己有用的保留，而那些对自己来说没有用的，或者已经过时的就要抛弃，即使这是别人取得成功的精华之所在。实践不仅是检验真理的标准，也是检验经验的标准。

此外，积累经验也不是说就不进行相关的学习。经验大都是来自实践的，往往会缺乏理论的指导，所以要积累真正有用的经验，还是要以学习中得到的理论来对其进行有益的指导，这就需要不断地进行相关的学习。何况从某种意义上讲，学习也是另一种经验的积累。所以一个人不仅要在实践中积累经验，还要将学习到的理论科学知识与积累的经验结合起来。

## 3. 运用经验，但不要盲从于经验

我们学习前人的经验，积累在工作中的经验，但是这并不是说，我们在做任何事情时都要依靠经验，因为，并不是所有的经验都适合以后的情况，喜好驾旧车走熟路，最终也会被社会淘汰的。而且事实也早已证明，

笃信经验，完全凭经验办事，有时非但不能成功，反而会把事情办得更糟，甚至造成无法挽回的损失。所以说，我们不仅要学会积累经验，运用经验，还要明白，不能盲从于经验。

## 4. 主动培养创造意识

创造力绝不是从天而降的，是靠充沛的创造欲望和强烈的创造动机来驱动的，大量的观察和研究证明了这一点。创造动机不足的人，无论你怎样梦想，都不会有什么大的成果。创造力是个人内在的素质，必须靠自己去培养。而动机意识薄弱，正是创造力埋没和退化的主要原因。

## 5. 积极思考解决问题

人有一种惰性，在一定程度上有回避思考的倾向，而且对各种变化有一种本能的抵制。总爱把现实存在当作最合理的状态，把创造力未能充分发挥也看作是正常现象。

在行动中累积经验，在经验中学会创新是现代成功人士的重要标志，它完全可以通过后天的努力逐步获得，进而产生巨大价值。从现在起，让我们努力学习他人的长处，再根据自己的实际情况进行提炼、变革、改进和突破，这样才能产生创造力，将别人的经验转化为自己的成功基石。

### 杨安谈潜能量

◆学习、借鉴成功者的经验和智慧并汲取失败人士的经验教训，会成为我们创造的动力，帮助我们成就自我。

◆模仿而不照搬，要借鉴更要突破。

◆富有创造力的基础和前提条件就是不受年龄阻碍，聪明地学习知识，明智地吸收知识，智慧地运用知识。

# 第十章

# 人人都可以活得更为精彩

如果你觉得生活枯燥乏味，失去了最初的新鲜感；觉得做事没有动力，灵魂总是游离于身体之外，不知浮在何处，这就表示你缺少了生命的激情。当你让激情发自内心，并表现成为一种强大的精神力量时，你也能活得更精彩，并创造出日新月异的成绩。

## 认清现实中的我与理想中的我

美国心理学家卡尔·罗杰斯总结出一种叫“以当事人为中心疗法”（或者患者中心疗法）的心理学模式。他提出每个人都有内置的动力，其潜能随时都可能最大程度地被挖掘出来。罗杰斯将这一过程叫作“自我实现趋势”。他对一个情感健康的人的定义是：一个能够充分发挥作用的人，我们也可以理解为一个具有情商的人。罗杰斯认为每个人思想中都有一个理想的自我，也就是他真正想成为的人。然而，很多人发现自己离理想的自我太过遥远，罗杰斯把这个自我叫作“现实或真实的自我”。理想中的我和现实中的我离得越近，就意味着情商越高。

因此，我们需要认清理想中的我和现实中的我，并有机的统一，才能促进身心的健康，人生的和谐。

所谓理想中的我，就是自我在心理层面为自己描绘的理想的未来图景。理想中的我是自我的生存目标和发展方向，牵引着自我朝着理想目的地在现实的土壤上艰难地耕耘着。这是没有终点的过程。

美国人本主义和存在主义心理学家罗洛·梅，解释了人追求理想中的“我”的原因和实质，他认为人之所以追求理想是由于人的空虚的存在，20世纪的人是如此，21世纪也不例外，他在《人寻找自己》一书中这样写道：“我所谓的空虚感不仅是指许多人不知道他们想要什么，而且也指他们对于自己所感受的东西没有任何清晰的概念。”

我们要摆脱现实和空虚，走向未来，实现和发展自己，必须学会处理自己的现实和自己的未来，即现实中的我和理想中的我的关系，否则，自我的一切努力将变得徒劳无益。妥善解决二者的关系，达到自我的现实和未来的和谐统一，须在以下几个方面做好努力。

## 1. 要建构合适的理想自我

### (1) 要敢于树立远大的理想和抱负

孟子说：“夫志，气之帅也。”树立远大的志向，才能统率自己全部身心的力量勇往直前，奋力拼搏，夺取胜利。有大志向、大抱负的人，才会放眼世界，关心大局，关注大事，而不会斤斤计较，患得患失；有大志向、大抱负的人，把全部精力集中于大目标，就会产生期望效应，获得大的成果。

### (2) 要有正确的价值观

理想与抱负是否远大，不在于最终获得的名誉、地位的大小，而在于社会价值。当科学家是为了“科教兴国”，造福人民，这是远大的理想和抱负，如果当科学家只是为了出名和获得高薪，便算不上远大的抱负。因此，科学建构“理想的我”必须对理想的社会价值进行抉择。

### (3) 不能追求绝对的完美

世界在运动中发展，任何事物的完善都是在发展中相对地存在，而没

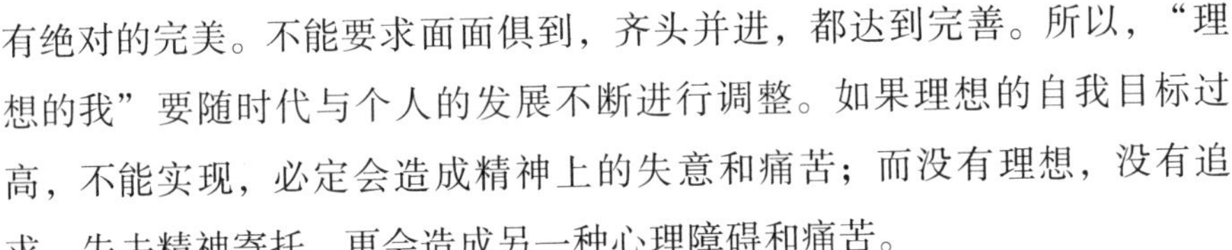

有绝对的完美。不能要求面面俱到，齐头并进，都达到完善。所以，“理想的我”要随时代与个人的发展不断进行调整。如果理想的自我目标过高，不能实现，必定会造成精神上的失意和痛苦；而没有理想，没有追求，失去精神寄托，更会造成另一种心理障碍和痛苦。

## 2. 要不断完善现实自我

建构了理想自我以后，常会不自觉地把自己想象成为理想自我的形象，而在现实生活中真实存在的和别人所看见的却是一个既有优点又有缺点的现实自我。这样，就不可避免地产生了理想自我与现实自我之间的矛盾。自我意识中的这种矛盾必然会产生焦虑、烦恼、失意等种种消极体验，并会因此造成心理疾病。为了达到自我实现，既要注意对理想自我进行联系实际的调整，又要不断地对现实自我进行完善，使其逐步向理想自我靠拢。为此，须掌握一些自我调控的策略。

### （1）自我监督，经常反省

自我监督，一方面是根据理想自我的要求，考察现实自我的状况和差距；另一方面，又把现实自我的表现反馈到自我意识中进行审查和分析，以作出自我完善的决策和指示。古人所强调的“吾日三省吾身”，就是一种自我监督活动。没有自我监督和反省，就无从实现自我完善。

### （2）自我批评，不断改正

在自我反省的过程中，既要总结自己的成绩，肯定优点，也要发现自己的缺点和错误，进行自我批评，不断改正，才能不断完善自我。孔子说：“人非圣贤，孰能无过。”其实，圣贤也不是完人，也是有缺点和过失的，圣贤需要改过，一般人自然更要改过，改过是自我完善不可缺少的环节，不改过就不能实现自我完善。

（3）自我调节，自觉控制

根据环境的变化和对自我的要求，对不正常的心理状态进行调节，对不符合要求的情绪与冲动进行自觉的控制，是保持心理健康、实现自我完善极为重要的措施。

总之，要处理好理想自我与现实自我的关系，既要科学地建构理想自我，关注理想自我的完善与调整；又要调节和控制现实的自我，使之向理想自我靠近，与理想自我保持协调，如此，一定能将枝叶伸向理想的未来。

杨安谈潜能量

◆躲进自私、狭隘、虚幻和迷离的“理想”之境，不是真正的大写的“人”，不是真正的人的自我人格表现。

◆现实自我存在的价值就体现在对理想自我的追求过程中。

◆现实自我对于现实和未来的态度和处理方法，直接关系到自我的身心健康和人格完整。

## 心灵回归，学会与真正的我交谈

我们常常感到已经在外面飘荡了很久，只是忙碌，只是奔波，只是讨好于别人或控制别人，只是执着地追逐；我们已经困惑了很久，挣扎了很久，折磨了很久，探索了很久，寻找了很久；我们迷失了自己，快要找不到回家的路了。

没有风的时候，大海表面风平浪静；风来的时候，大海表面波涛汹涌。大海的表面，就是我们的自我，他是不是由我们自己所能操控的呢？不是。他被风所控制着，风就是我们外在的环境，它包含着我们周围存在的人和发生的事。我们的自我被外在的环境所控制着。想想看，你是多么在乎周围的人怎么看你，他们的一个眼神和一句话，都可能会左右你一天的心情，他们一句认同赞许的话，可能让你兴奋好长时间，可是，他们的一句不屑、讽刺的话，又会使你瞬间跌入低谷，难过一整天。你在附和他们，你在讨好他们，你在附和周围的环境，你在讨好周围的环境。你的情绪、你的思想，被外在的事物和人所操控着，就像大海的表面被风所操控一样，你无法操控自我，你没有自由，你不是你自己的主人，这就是你的自我。

现在，我们想想大海的深处，它是否永远都是平静的？是的。尽管狂风大作，搅得海面巨浪翻滚，海的深处依然不为所动，静如止水。它不受任何外在的影响，永远保持一份属于它的沉静无声，它很清澈、很透明，一切都在它的掌握之中，它操之在我，淡定自如，不为任何外物所牵绊，不为任何外物所打扰。海的深处，就是我们的真我。

真我的境界，在两千多年前的《大学》里就讲到了“古之欲明明德于天下者，先治其国；欲治其国者，先齐其家；欲齐其家者，先修其身；欲修其身者，先正其心；欲正其心者，先诚其意；欲诚其意者，先致其知；致知在格物。物格而后知至；知至而后意诚；意诚而后心正；心正而后身修；身修而后家齐；家齐而后国治；国治而后天下平”。

《大学》里有三纲八目，这“八目”的第一个，也是最根本的一个，就是“格物”。不被外物所牵绊，不被外物所打扰，格去外在物质所欲，才能“致知”，“致知”后才有“诚意、正心、修身、齐家、治国、平天下”。

“真我”知道你生命的方向，知道你生命的意义和价值，知道你不为外在所动的立场是什么。而你与“真我”已经失去了连接，你“离家出走”已经很长时间了，所以你摇摆不定、困惑、迷茫、不知所措、不知道方向。

大海中有一艘船，在风雨交加、狂风巨浪中倾斜摇摆，岌岌可危。

船的甲板上站了一个人，他虽然双手死死地抓住船板，却被风浪抛来抛去。他在恐惧、焦虑、挣扎中，不知道方向，不知道这艘船将驶向何方，不知道怎样才能穿越这迎面的风暴。船的驾驶舱里面，也有一个人，他镇定、坦然、清晰，他很清楚这艘船的方向，他很清楚这艘船从哪里来，要到哪里去，他知道面对暴风雨该怎样做。他试图要给外面甲板上的那个人说，但是外面甲板上的那个人关上了舱门，站在甲板上面对风暴，早已失去了平静，失去了平衡。他在焦躁中，根本也没有留意到驾驶舱里要说话的那个人，根本也不会听到里面那个人的说话声，他的精力全部都在外面的风暴中了，他的心里也正发生着风暴，他无暇顾及里面的那个人。其实外面的人最想要的答案，就在咫尺，就在驾驶舱里面，而他却根本不知。

外面甲板上的那个人，就是我们的自我，驾驶舱里的人，就是我们的真我。真我的声音——那真理的声音，一直都在，只是自我在里与外的风暴中混乱、纠缠，听不到那些源自内在的声音了。自我只有在平静中才会听到，只有在心灵回归时才会听到真我的声音。自我只有把注意力从外面转移到里面，与真我交谈，这样，不管外面暴风骤雨如何，你都能安心，坦然不动，这就是你的修炼。当安静、安定到来的时候，你就会听到那些智慧的声音，那些源于宇宙同一个源头的声音。所以，佛家讲“戒、定、慧”。持戒，才会有一颗纯净、不受扰、安稳、安定的心；入定，才会听到智慧的声音，闻慧、思慧和修慧，知“道”、行“道”与合“道”。

“真我”是你的根，是你生命的“定海神针”，是心灵的家。回归心灵，学会与真我交谈，这是最重要，也是必不可少的，这至少会给你带来：

①你的未来工作可以获得成功，就像你过去的事情曾经获得成功一样；

②你可以矫正错误，超越失败的障碍；

③你会变成自己的主人，并积极地为自己计划每一天；

④可以使你在改正错误时获得更多的启迪；

⑤看到真我坚强的自我心像，你就用不着逃避人生或逃避你自己。

当我们与自己内心和谐一致的时候，我们就会觉得自己是真实的。真我就像循环的能量一样帮助我们充满活力。保持做人的本色，做自己的主人，就是回归心灵。不丢掉你的真我，如此，你就能够透过肤浅的表象，看到一个人的实质。所以，若想发现自己独一无二的价值，就请保持自己做人的本色，回归心灵，与真我交谈。

### 杨安谈潜能量

◆真我的回归就是一种很强的旁观自我的能力。

◆不管未来如何，我们都应该在生命的交响乐中演奏真我的乐曲。

◆失去真我的人生是无光泽的人生。一个人最关心的幸福和成功只能从心灵的真我本色中去获得。

## 选择内心深处的我想要的活法

人无法选择自然的故乡，但可以选择心灵的故乡——那就是内心深处想要的生活。

选择内心深处想要的活法，并不是一件容易的事情。你会听到有许多人很苦恼地、无奈地告诉你，我想要的生活是什么样的，可是随即他就会说出一大堆理由来给自己推脱、安慰自己。为什么没办法过自己想要的生活，这些理由里有经济的压力，有别人的非议，有身为人子的责任，等等。而回头看看，那些已经过上自己想要的生活的人都是怎样的人呢？他们是有魄力、有勇气、敢想敢做的人，只有这些人才真正的过上了他们想要的生活，而且他们会告诉我们，任何一个人，只要愿意，敢去实施，通过艰辛的努力、争取，都可以拥有这样的幸福。

幸福快乐其实就是一种感觉，只要你体会到了，那幸福快乐就会属于你，如果你不用心体会，即使幸福快乐就在你身边你也看不到。人生有太多的事，如果你做的正是你喜欢的事，你的活法正是你内心深处想要的活法，那你就能由衷地体会到幸福与快乐。

一个人如果能选择内心深处想要的活法，就会激发他的潜能，他的主动性将会得到充分发挥。即使在他十分疲倦和辛苦的状态下，也总是兴致勃勃、心情愉快；即使困难重重也绝不灰心丧气，而是想尽办法，百折不挠地去克服它。

吉尔贝特·卡普兰是一个完全醉心于工作的人。他几乎夜以继日地工作着。他在 25 岁时就创办了自己的第一份杂志。并在以后的 15 年的时间里，把自己的杂志办成了发行量巨大的知名杂志之一。可是在他 40 岁时，他突然出售了自己的企业，当时大家都想不明白，到底发生了什么事？他会将自己辛辛苦苦打拼了十几年，正如日中天的企业给卖掉呢？

原来有一天，他听了马勒的第二交响曲，乐曲深深地吸引了他，唤醒了他内心深处深埋已久的东西。这种深埋已久的情愫让他蠢蠢欲动。更重要的原因是他认为应该重新演绎马勒的第二交响曲，他觉得缺了点什么，他听到的演奏不符合马勒的原意。

于是，他做出了这样令人惊叹的举动，出售了自己的企业，决定要成为一个指挥家。所有的专业人士都一致认为他的做法是一次希望渺茫的冒险，不管怎样，他的年龄已经不小了。不光因为卡普兰在此之前从来没有做过指挥，而且也根本不会演奏任何乐器。还因为他是一个甚至连乐谱都读不懂的经理，40 岁了要当指挥家，这简直是天方夜谭。但是，这些流言飞语动摇不了卡普兰的决心，他甚至将目标定得更高了：他要以一种全新的方式来演绎马勒的作品。

然后他就开始学习，他向当时最优秀的指挥家求教。他还请了老师，又像经营自己的杂志那样拼命，不断地为自己的梦想而奋斗，只用了两年时间，他的梦想就成为了现实。1996年，吉尔贝特·卡普兰演奏了美国最成功的古典作品集。在同一年里，他作为一名受人仰慕的传奇指挥家出席了萨尔茨堡音乐节的开幕式。

如果你还没到40岁，如果你想过自己喜欢的生活，如果你也有自己的梦想，如果你爱动脑筋又刻苦钻研，那还等什么呢？即使你已经过了40岁，那么向卡普兰学习又何妨呢？

选择内心深处想要的活法，是一种自由自在的幸福。能有这样的幸福，你的人生会更加充实。因为是内心深处想要的活法，你会迸发出无穷的活力；因为是内心深处想要的活法，再大的困难你也敢于克服；因为是内心深处想要的活法，你会勇往直前，绝不轻言放弃；因为是内心深处想要的活法，你会永远感觉前面水阔天高，阳光似锦。这种活法能让我们找到人生的最高价值。

人是为自己而活的，所以要勇于追求自己想要的生活，而不要被他人的眼光和议论所囿，也不要为外界的其他限制所绊。我们要以自己的方式去生活，只有按自己的方式生活，我们才能坚持自己的梦想，而我们的梦想和目标足以成为一种磁石，吸引万物和所有的人，帮助我们逐渐将它变成现实。事实证明，要做到这样会很难，可是每一位成功人士都有这类的经验。

诺曼·文森特·皮尔曾一针见血地说："大多数人不愿意相信他们本身具备着所有可以让梦想成真的素质。因此，他们试着满足于那些与他们不相配的东西。"我们太容易迷失在别人赞美和羡慕的眼光中，从而也就会慢慢忘记自己内心深处想要的活法。

其实，当工作不能给自己的生命带来激情和活力的时候，放下所得，重新开始一种全新的生活，何尝不是一种更好的选择呢？就像曾子墨总结自己的经历时所说的："不必牺牲自己的追求，去点亮别人眼中的光环。过自己想过的生活，就是最好的生活。"

## 杨安谈潜能量

◆不管怎样过，生活中都会有艰辛，都会遇到困难和阻碍，那为何不按自己想要的生活过呢？

◆每当我们将注意力集中在我们的内心深处想要的活法上时，我们就会获得一种美好的能量，这种能量为我们在现有的起点与我们想要达到的目标之间架起了一座桥梁。

◆过内心深处想要的活法，是一种勇气，也是一种成就，努力付出的人才会拥有。

## 聚焦心中认为最重要的事并全力以赴

所谓“聚焦”，就是集中精力、全神贯注、专心致志。聚焦是一种精神，一种境界。一个聚焦心中认为最重要的事并全力以赴的人，往往能够把自己的时间、精力和智慧凝聚到所要做的事情上，从而最大限度地发挥积极性、主动性和创造性，努力实现自己的目标。特别在遇到诱惑、遭受挫折的时候，聚焦的人能够不为所动、勇往直前，直到最后成功。

与此相反，一个人如果心浮气躁、朝三暮四，就不可能集中自己的时间、精力和智慧，做什么事情都只能是虎头蛇尾、半途而废。一个人缺乏聚焦心中认为最重要的事并全力以赴的精神，即使立下凌云壮志，也绝不会有所收获，因为“欲多则心散，心散则志衰，志衰则思不达也”。

现实中，人们并不缺乏雄心壮志以及奋斗的毅力，但往往最终无所建树，因为他们没有始终聚焦心中认为最重要的事并全力以赴。有一句西方谚语：“一次做好一件事情的人比同时涉猎多个领域的人要好得多。”在太多的领域内都付出努力，我们就难免会分散精力，阻碍进步，最终一无所成。

在对心中认为最重要的事的追求中，聚焦并全力以赴会让人有能力克服艰难险阻，完成单调乏味的工作，忍受其中琐碎而又枯燥的细节，从而使他顺利通过人生的每一个驿站。在这个过程中，正是由于各种令人沮丧和危险的磨炼，才造就了天才。在每一种追求中，作为成功的保障与其说是卓越的才能，不如说是聚焦心中认为最重要的事并全力以赴。

那些对奋斗目标用心不专、左右摇摆的人，对琐碎的工作总是寻找遁词、懈怠逃避的人，他们注定是要失败的。

歌德曾这样劝告他的学生："一个人不能骑两匹马，骑上这匹，就要丢掉那匹。聪明人会把凡是分散精力的要求置之度外，只专心致志地去学一门，学一门就要把它学好。"

有一次，一个青年苦恼地对昆虫学家法布尔说："我不知疲劳地把自己的全部精力都花在我爱好的事业上，结果却收效甚微。"法布尔赞许说："看来你是一位献身科学的有志青年。"这位青年说："是啊！我爱科学，可我也爱文学，对音乐和美术我也感兴趣。我把时间全都用上了。"法布尔从口袋里掏出一块放大镜说："把你的精力集中到一个焦点上试试，就像这块凸透镜一样！"

许多有成就的人都是聚焦心中认为最重要的事并全力以赴而成功的。

法布尔为了观察昆虫的习性，常达到废寝忘食的地步。有一天，他大清早就俯在一块石头旁。几个村妇早晨去摘葡萄时看见法布尔，到黄昏收工时，她们仍然看到他伏在那儿。她们实在不明白："他花一天工夫，怎么就只看着一块石头，简直中了邪！"其实，为了观察昆虫的习性，法布尔不知花去了多少个日日夜夜。

有记者问爱迪生："成功的首要条件是什么？"

他回答道："如果你有一种能够让自己的身心全部投入到同一个问题上而且不知疲倦、锲而不舍的能力，你离成功就不远了。

我们每个人拥有的学习、工作、生活的时间相差不多——早上 7 点起床，晚上 11 点睡觉。之所以我能够取得成功，是因为他们会在这些时间里做许多的事情，而我只做一件心中认为最重要的事，这就是区别，倘若他们将时间和精力放到同一个方向上，他们也能成功。”

人的时间、精力极其有限，不可能什么都学，学什么都精，什么都做。因此，一定要注重培养聚焦心中认为最重要的事并全力以赴的习惯。无论是谁，如果不养成这个好习惯，那么他以后一定不会有什么大成就。世界上最大的浪费，就是把一个人宝贵的精力无谓地分散到许多不同的事情上。一个人的时间有限、能力有限、资源有限，想要样样都精、门门都通，绝不可能办到，如果你想在任何一个方面做出成就，就一定要牢记这条法则。

那么，该怎样学会聚焦呢？

### 1. 克服自卑和恐慌

一般情况下，这些消极因素对你的注意力的影响比较大，持续的时间也比较长。当你开始行动时，这些讨厌的东西就会让你难受。你要意识到它们的存在，想办法将它们驱赶掉，采取自我激励的方式，多给自己打打气，尽量将心态恢复到积极状态中。

### 2. 克制情绪，保持头脑冷静

当你情绪低落时，最好的办法是马上将自己的思维带入工作中，强迫自己想一些与工作有关的问题，因为思维是持续不断地，你会连续不断地思考下去，直到进入行动状态。也可以利用外界的事物，如听听优美的音乐，看一件精致的艺术作品或读一篇有趣的故事，只有保持情绪的平静，才可能让大脑冷静下来，聚焦于行动上。

### 3. 不要人为地分散精力

人的精力是有限的，如果将有限的精力分散到许多事物上，可能每一件事情都办不好。如果集中精力，只做心中认为最重要的事，这一件事发生的作用比做几件事还要大。分散和聚焦是两个截然对立的行为，切忌三心二意、心猿意马。

如果你想在自己心中最想成就的方面取得伟大的成就，那么就要大胆地举起剪刀，把所有微不足道的、平凡无奇的、毫无把握的愿望完全“剪掉”，在重要的事情面前，即便是那些已有眉目的事情，也必须忍痛“剪掉”。然后聚焦心中认为最重要的事并全力以赴，你就一定会磨炼出非凡的才华，激发出潜在的高贵品质和能量，出色地获得你想要的大丰收。

### 杨安谈潜能量

◆智者都懂得聚焦心中认为最重要的事并全力以赴的成功哲学。

◆有经验的花匠会把很多快要绽开的花蕾剪去，使所有养分都集中在其余少数花蕾上。等到这些少数花蕾绽开时，一定可以长成那种罕见、美丽的奇珍。

◆如果一个人把心中的那些杂念一一剪掉，使生命力中的所有养料都集中到一个方面，那么他们将来一定会惊讶——自己在事业上竟然能够结出那么美丽丰硕的果实！

## 要限定目的，不要限定达到目的的方式

一个人没有明确的目标，就像船没有罗盘一样。卓越者都有清晰思考的习惯和坚强的意志力——这缘于限定了明确的目标。勤勉与努力的劳动，需要限定明确的目标做引导才能成功。缺乏明确的目标，一生将庸庸碌碌，因此，限定坚定的目标是成功的首要原则。不过，我们无须限定达到目的的方式。

100 个人的成功，会有 100 种方法。随着社会分工的不断细化，成功的领域越来越多，也有越来越多成功的人为我们做出了典范。我们可以刻意去模仿别人成功的模式，也可以另辟蹊径，寻找属于自己的独特方式，最终的目的都是为了追求心中的梦想，取得成功。

限定目的，不要限定达到目的的方式才是有效积极而灵活的处世态度。因为，现代社会，激烈竞争正催促着人们进行不断的创新和改变。只有限定目的，而又具有不限定达到目的的方式的灵活性，才能让一个人保持进步。不限定达到目的的方式会让人们占得先机，走在时代的前列，而思想和行为上的停滞不前最终会令其被社会淘汰。

不限定达到目的的方式，就是要打破固有的经验，改掉一味效仿前人和复制他人经验的做法；不限定达到目的的方式，就是要勇于打破规则，创造新的生产、生活方式；不限定达到目的的方式，就是要打破思维的枷锁，从多角度去思考和分析问题。

世间万物都处在不断地变化之中，我们只有限定目的，而又充分注重不限定达到目的方式的灵活性，勇于求新，才能更好地面对现实、适应环境。

“凡事第一个去做的人是天才，第二个去做的人是庸才，第三个去做的人是蠢才”。但是，我们偏偏看到，有的人即使编号第一千万个，即使挤破头也改不了一窝蜂而上的本性。其实，在限定目的后，想成功就应该出奇制胜，用自己独到的眼光去发现别人未做过的事，这才是大智大勇者之所为，也是实现目标的快捷方式。

1947 年的冬天，在密歇根州的卡索波里斯·洛厄正帮着他的父亲做木屑生意，但他限定自己的目的是企业家。

有一次，有一位邻居跑进来，想向他们要一些木屑，因为她的猫房里的沙土给冻住了，她想换一些木屑铺上去。当时，年轻的洛厄就从一只旧箱子里拿出一袋风干了的黏土颗粒，建议对方试试这玩意儿。因为这种材料的吸附能力特别强，当年他父亲卖木屑的时候，就是采用这种材料清除油渍的。这样一来，那位邻居的燃眉之急就给解决了。

几天以后，这位邻居又来了，她想再要一些这样的黏土颗粒。这时洛厄灵光闪动，突然意识到自己的机会来了。他马上又弄了一些黏土颗粒，分五磅一装，总共装了10袋。他把自己的新产品命名为“猫房铺”，打算以每份65美分的价格卖出去。但是，大家都笑话他，因为一般铺猫房用的沙子才多少钱一磅呀！

但出人意料的是，洛厄的10袋黏土很快就卖完了。而且，当这十个用户再次找上门来，指名道姓要买“猫房铺”的时候，这一下可该轮到洛厄发笑了。一笔生意，一种品牌，一丝灵感，一种使命，就这样创始了，因为具有不限定达到目的方式的灵活性，他限定的目的也实现了。

采用黏土颗粒作为猫房铺，反倒促使这些小动物变成更受人欢迎的宠物了，同时，洛厄也因此而变得富有了。仅仅在1995年洛厄去世前的两三年时间内，“猫房铺”的销售价值就达到了两亿美元。也许可以说，正是洛厄的发明所带来的生存条件的改善，最终使猫取代狗成为在美国最受欢迎的宠物。

我们知道，世界上的万事万物都是在不断发展变化的。环境在变，时势在变，事态在变，生活在变，人类每一个个体也都在变。要适应环境、时势的更迭，应付事态、生活的变化，就得限定目的，而又具有不限定达到目的方式的灵活性。荀子曾说：“举措应变而不穷。”能够坚定目标，并随着时势、事态的变化而从容应变，是一个人立身处世、建功立业不可或缺的本领。尤其是现代社会飞速发展，生活千变万化，更需要人们限定目标后，学会应变、善于应变、精于应变。

在人生漫长的旅途中，充满了无数的未知，只用一套生存哲学，就想轻松穿越人生所有的关卡，这是不可能的。要想轻易跨过人生中的障碍，实现某种程度上的突破，迈进未来更美好的领域，就需要学会打破常规，勇于变通。

专门从事运动心理学研究的美国斯坦福大学教授罗伯特·克利杰在他的著作《改变游戏规则》中指出：“在运动场上，很多选手创造佳绩，都是因为他们打破了传统的比赛方法。”杰出的运动选手普遍具有这种“改变游戏规则”的特征。根据罗伯特·克利杰的结论，突破传统的思维定式可以创造意想不到的奇迹。所以，如果你想改变命运，那就要限定目的，而又具有不限定达到目的方式的灵活性，善于借鉴、巧妙变通，这样才能实现目的，才能在这个世界上有更大的立足之地和发展空间。

杨安谈潜能量

◆循规蹈矩的尽头只有绝路一条。

◆做事首先是讲原则、讲规范，但过于因循守旧，便成了死板。

◆对于善于变通、勤于思考的人来说，到处都充满了实现目标的机会。

## 用激情焚烧身体中的每一个不安分细胞

扪心自问，你是不是总觉得生活枯燥乏味，失去了最初的新鲜感？总觉得做事没有动力，灵魂总是游离于身体之外，不知浮在何处？其实，这正是你缺少激情的表现。激情是一种积极的人生态度。从现在起，不要再将自己蜷缩于一个狭小的圈子里自怨自艾了，走出来用激情焚烧身体中的每一个不安分细胞吧。给自己树立一个目标，积极地迎接在实现目标的路上所可能发生的一切吧。

激情是生命的闪电，它以炽烈的光焰一次次照亮世界。没有激情的生命是死水微澜，它固然也可以存在，但存不存在都是一回事。能让生命燃起激情的时代是伟大的时代，但在伟大的时代仍然缺乏激情的生命注定无所作为。

用激情焚烧身体中的每一个不安分细胞的生命是优秀的生命；之所以能够用激情焚烧身体中的每一个不安分细胞，是因为他总是怀有希望以及看到实现希望的可能。

用激情焚烧身体中的每一个不安分细胞的最大魅力在于：它使你从最单调、最枯燥、最乏味的工作过程中发掘乐趣，从而使生活充溢乐趣。

用激情焚烧身体中的每一个不安分细胞是督促一个人不断奋勇向前的精神动力，一个激情四射的人也必然是一个魅力四射的人，你的四射的激情不仅会激发你全身心的投入，同时也会感染其他的人，因为激情可以用分享来复制，而不影响原有的程度，它是一项分给别人之后反而会增加的资产。你付出的越多，得到的也会越多。生命中最巨大的奖励并不是来自财富的积累，而是由激情带来的精神上的满足。

用激情焚烧身体中的每一个不安分细胞才能有积极性，没激情只能产生惰性，而惰性会使你落伍。

虽然热情人人具有，但是只有用激情焚烧身体中的每一个不安分细胞，让激情发自内心，并表现成为一种强大的精神力量时，才能征服自身与环境，创造出日新月异的成绩，使你在激烈的竞争中立于不败之地。

当然，用激情焚烧身体中的每一个不安分细胞，燃烧的不是一时的心血来潮，而是一种持久的热情。这种持续不断的激情会使一个人更加热爱生活，喜爱人生，创造未来，走向成功。

弗兰克·贝特格原是一名棒球球员，对棒球投入了极大的热情，取得了很大的成绩。后来，他的手臂受了伤，不得不放弃打棒球，到一家人寿保险公司当保险推销员，干了一年多，也没什么成绩，因此很苦闷。他经过反复思索，觉得自己对保险推销员工作缺乏激情，如果像当年打棒球那样，一定会做出成绩来。他改变自己，很激情地投入到工作中，很快做出了成绩，而且成绩越来越大，成了人寿保险的大红人。不但有人请他撰稿，还有人请他演讲成功经验。他说："我深信唯有激情的态度，才是成功的最重要因素。"

纵观人类社会发展的历史长河，在所有伟大成就的取得过程中最具有活力的因素就是激情。它融入了每一项发明、每一幅图画、每一尊雕塑、每一首伟大的诗、每一篇让世人惊叹的小说或文章当中。如果没有人用激情焚烧身体中的每一个不安分细胞，世界将会是另一番模样：人类就没有驾驭自然的力量，给人们留下深刻印象的雄伟建筑就不会拔地而起，诗歌就不能打动人的心灵，这个世界上也就不会有慷慨无私的爱。

一个用激情焚烧身体中的每一个不安分细胞的人是令人钦佩的，因为激情是一种永不言败、永不满足、百折不挠的进取意识。有了激情，就有了对事业的坚定信念，对工作的执着追求。当然激情也是可以培养的，可以通过下面的方法培养你的激情。

### 1. 增长知识以激发自己的激情

可以通过阅读一些相关的优秀书籍和杂志，甚至一些有关专家的讲座或者演讲来激发自己的激情。

### 2. 循序渐进地培养激情

在培养自己激情的时候，不要太着急，而是应该从小到大、循序渐进地进行。同其他任何事情一样，不可能一口吃个胖子，也不可能一下子成为一个激情四射的人，这需要一个过程。

### 3. 找个榜样来激发自己的激情

激情是可以感染的，如果你常看到其他人充满激情的样子，你自己也会不由自主地被他的激情感染，因为激情可以点燃更多的激情，因此，慢慢地也会使你充满激情。

### 4. 不要在无谓的事情上浪费激情

一个人的精力毕竟是有限的，因此为了充满激情地达成目标，千万不

要在那些与你的目标无关、只会分散你注意力的事情上浪费时间和精力。

### 5. 让激情成为你生命的一部分

能用激情焚烧身体中的每一个不安分细胞，并且每天都让自己扮演一个充满激情的人，那么有朝一日，你将会发现自己已经变成了一个充满激情的人，激情已经成为你生命的一部分了。激情使你朝气蓬勃，永葆青春；使你永不厌倦，全力以赴；使你潜能无穷，魅力无限，它那无穷无尽的力量之源，使你足以创造出一种美好而富有生气的生活。

让我们用激情去滋润爱的花朵，用激情去扛起事业的责任，用激情去温暖亲朋的心灵，用激情去营造一个绚丽而广阔的天空吧！用激情焚烧身体中的每一个不安分细胞，让生命丰盈！

**杨安谈潜能量**

◆当激情成为一种生命特质时，生命便始终处于“充电”状态，精力如泉喷涌。

◆激情是情感的激越和奔放，是生命燃烧最炽热的火焰，是人生的浪漫和幸福，是最艳丽和真挚的情怀，是人生在风雨霜雪中奔腾和飞舞的华美。

◆激情如心灵的阳光，它温暖着生命并使它焕发出生机与魅力。

## 用行为、意识、情绪、态度绽放自我生命的精彩

潜能量是创造奇迹的“聚宝盆”，能够化腐朽为神奇、更废品为利器、从一无所有变应有尽有。其之所以有如此超凡入圣的力量，关键在于构成“聚宝盆”的四个要素：积极的行为、意识、情绪、态度。这四个要素不

仅各自具有耐压性、稳固性、坚定性，还相辅相成、相生相盛。自然，它们会无往不利、所向披靡、攻无不克，让你绽放自我生命的精彩。

安东尼·罗宾说："所有的事情的结果都是人的内在状态和行为的结果。"这就是说，行为、意识、情绪、态度可能是动荡的、颓丧的、受抑制的、无力的，也可能会是稳定的、快乐的、进取的、有为的。消极的行为、意识、情绪、态度带来断裂、波动、退缩的生命表达，也相应会产生消极的后果；而积极的行为、意识、情绪、态度则会带来持续、稳定、积极的生命表达，自然也会产生理想的后果。

只要了解现代奥林匹克发展史的人，对"彼得·尤伯罗斯"这个名字就不会陌生。他创造了奥林匹克精神在现代社会得以发扬光大的支柱——商业化运营模式。

众所周知，尤伯罗斯之所以能够让1984年的洛杉矶奥运会赢利2.5亿美元，最关键的一笔是他将奥运会赞助商数目从数百个锐减到30个，从而引发了各大相关公司、企业之间的激烈竞争。

其实，当他刚出任洛杉矶奥组委主席之时，由于蒙特利尔奥运会和莫斯科奥运会造成的亏空，奥组委运作之初举步维艰，甚至到了房东因为担心奥组委付不起房租而将他们锁在门外的境地。正是这种困境，逼出了尤伯罗斯的"私营奥运"。

虽然，尤伯罗斯开始对洛杉矶奥运会组委会主席这个职位并不感兴趣，但是真的任职了之后，他通过一系列前人从未想到的新方法，闯出一套"商业化运营模式"，最终既实现了奥运会的成功举办又赢得了巨大利润。

如果追踪一下尤伯罗斯的生平，就会发现他的脍炙人口的故事绝对不止一件。他曾经在数年之间使22个全美棒球队扭亏为盈，也曾毅然决定卖掉全美第二大旅游公司。可以说，他的一生，就是传奇的一生。

推荐他出任1984年洛杉矶奥运会组委会主席的美国著名影视导演戴维·沃尔帕对他的评价是：坦诚、积极、自信、敢作敢为及办事干练。也正因为尤伯罗斯具备了这样的行为、意识、情绪、态度的综合素质，才让他有足够的能力来领导并完成一场对现代奥运会的革命，成为了现代奥运会史上的“超级商人”。

行为、意识、情绪、态度，无论是认识性的、感情性的，还是行为性的、评价性的，都对人的各个方面具有导向和支配作用，直接决定了人生的成败。

当一个人的行为、意识、情绪、态度消极时，内心会波动不停，总是愤世嫉俗，认为人性丑恶，时常与人为忤，缺乏和气；没有目标，缺乏动力，生活浑浑噩噩；缺乏恒心，不晓自律，懒散不振，时时替自己制造借口去逃避责任；心存侥幸，空想发财，不愿付出，只求不劳而获；自卑懦弱，自我压缩，不敢信任本身潜能，不肯相信自己的智慧。消极的行为、意识、情绪、态度导致人们自我行为的盲目性，是人们在生存、生活、学习、工作、事业等方面取得成就的绊脚石，是人们获得物质财富和精神财富的天敌。

反之，当一个人行为、意识、情绪、态度积极时，他就会在面临难题时，认真思考，做出自己的选择，而不是不动脑筋，安于现状；在遇到挑战时，从实际出发，求变创新，而不是浑浑噩噩，回避矛盾；在选取目标、计划事情时，具体明确而不是笼而统之，模糊不清。勇敢地正视现实，负起责任，不管是愉快还是痛苦；不是否认、逃避现实，沉溺在幻想中。独立自主，积极行动；不是依赖别人，消极等待情况变化。冷静从容，能够控制自己的情感；不是急躁任性，感情用事。

从以上的特征我们可以看出，行为、意识、情绪、态度的积极就是以稳定的四度状态所产生的优秀的心理品质和良好的自我状态，所激发的巨大潜能和坚强的意志力量去面对现实、生活、工作、事业、人生。这四者的会聚，其势胜排山倒海，其速赛风驰电掣，其情比金钻石坚。让人产生极大的热忱，发挥极大的力量，迸发出取之不尽的动力源泉，放歌于成功之巅。因此，假如你想成功，想把美梦变成现实，就必须摒弃那种波动晃荡、消极悲观的抹杀你的潜能、摧毁你的希望的行为、意识、情绪、态度，转而去培养平稳淡定、积极乐观的行为、意识、情绪、态度。

如此，你的人生之路就再没有看不见的希望，再没有行不通的障碍，再没有过不去的沟坎。如此，你才能以和谐的四度状态去激发出无穷的潜能，体验到生活中的愉悦，欣赏到一路优美奇趣的风光；使自己从逆境中崛起，获得灵性、才能和智慧同长；使自己在困难中成长，实现理想的圆美，绽放出人生的精彩！

## 杨安谈潜能量

◆行为、意识、情绪、态度是成就幸福的必备要素，也是圆满人生的必备要素。

◆凭借自己积极的行为、意识、情绪、态度，你可以不因堵塞的“直线”而嗟叹彷徨，可以开辟出“曲线”的捷径，到达成功之峰。

◆别再彷徨，别再犹豫，现在、马上、即刻转化为积极的行为、意识、情绪、态度，你一定会看到一个你理想中的自我状态，将你的梦一步步地转化为现实。